一流シェフ
のお料理
レッスン

"er Campidojo"
吉川敏明的美味手册

意大利料理完全掌握

〔日〕吉川敏明◇著　　唐晓艳◇译

中国民族摄影艺术出版社

前言

最近，意大利料理开始流行，甚至有人宁愿不吃米饭，也要吃意大利面。

我很高兴看到越来越多的人喜爱意大利面和意大利料理。

我想大家一定不单单只想去餐厅吃意大利料理，肯定也有很多人愿意尝试自己在家做。

但是，在家做意大利料理的时候，你是否会感到菜式有些单调呢？

做意大利面的话，无非就是肉酱意大利面，或者培根蛋面、辣番茄酱面，最多也就是做个蒜香橄榄油意大利面。

意大利料理可远远不止这些。

除了意大利面，还有各种肉类料理、鱼类料理、蔬菜类料理、甜点等，简单又美味的意大利料理可谓数不胜数。

我年轻的时候，在日本几乎找不到制作意大利料理的食材，如今这些东西在一般的超市就能买到。所以，想要做意大利料理已非难事。

本书为了让大家掌握更多意大利料理的做法，介绍了许多经典款和基本款意大利料理。

更为重要的是，书中还介绍了许多"能让料理变得更加美味"的烹饪窍门。

蒜不可多加，奶酪和风味橄榄油应多放，巧用意大利面汤，蔬菜的水分要沥干，诸如此类。

有些或许跟您习惯采用的做法、使用的分量大相径庭，但是，如此制作，您一定能体会到其中的差异。

近些年，意大利的饮食习惯也在不断变化。

饮食变清淡，烹饪方法多样化，加工食材的品质也不断提升。

本书结合时代变迁，用通俗易懂的方式为大家讲述意大利料理的做法。

衷心地希望喜爱意大利料理的同好者越来越多！

意大利餐厅"er Campidojo"

吉川敏明

目录

第一章

学习掌握

基础款意大利面

第二章

在家中也能尝到正宗的口味

披萨、意式土豆团子、意式肉汁烩饭、意式浓汤

第三章
搭配红酒更美味
前菜、主菜

第四章
餐后茶点时光
甜点

【原料和计量】

■关于计量

1小勺＝5mL、1大勺＝15mL、1杯＝200mL

■关于原料

◎如无特别说明，盐一般指普通的颗粒盐，鸡蛋一般为60g一个的M号鸡蛋。

◎将零售的肉汤料倒入相应分量的开水中，待其溶化后使用。肉汤料中多含盐，调味时需注意咸淡口味的把握。

◎橄榄油放入冰箱冷藏后会凝固，常温下会融化开。不用时，建议放入冰箱冷藏。

【烹饪时使用的锅具】

在煮意大利面时，应根据意面的种类来选择烹饪锅具。**长意大利面应选用"窄口深底锅"。锅越深，意大利面越容易全部浸入开水中。意大利面沉入锅底后，锅中的开水越多，煮面的效率就越高。短意大利面则应选用"宽口浅底锅"。锅底越大，意大利面越不易粘连，火候均匀，用少量的开水即可。**煮长意大利面时，一般用长柄面条夹来拨面或捞面。煮短意大利面时，为防止破坏意大利面的形状，一般使用木铲或硅胶铲。

制作意大利料理的基本食材

烹饪意大利料理时，应事先准备好下列基本食材。这些都是意大利料理中的常用食材。下面介绍这些食材的处理方法，这在一般的菜谱中很少会提及。所以，请认真阅读完本页之后，再开始着手尝试烹饪。

红辣椒　peperoncino

在本书的原料表中，红辣椒的分量是根据标准尺寸鹰爪（如图）大小的红辣椒辣度来计量的。选用太长、太短或是品种不同的红辣椒时，应根据所需辣度酌情增减分量。使用时，应去蒂去籽，仅使用辣椒皮部分。

橄榄油　olio di oliva

在不同的场合下，应选用不同种类的橄榄油。昂贵的特级初榨橄榄油一般用于烹饪的最后一道工序，为了保持风味，一般不会进行加热。
需进行加热时，一般采用纯橄榄油或普通的特级初榨橄榄油。我自己在最后一道工序使用特级初榨橄榄油时，一般用等量的色拉油与之调和后使用。橄榄油倒入喷壶内使用更方便，既可控制用量，又能淋洒均匀。用完一次后，剩余的橄榄油可连同喷壶一并放入冰箱内冷藏保存以防变质。

大蒜　aglio

大蒜的个头大小不一（如上图）。本书中大多用g（克）来表示用量，每瓣蒜的平均重量约为8～10g。1g的用量差异都会导致口味的巨大差别，所以，一定要注意用量。在菜谱中，如果用量写着4g或5g，那么一般用1/2瓣即可。注意切片使用时，不能切得太薄，

容易焦煳，以2mm厚为宜。纵向切成两半，中间有新芽时，需将新芽去除。中间没有新芽的蒜头说明刚刚收获不久，非常新鲜。

奶酪　formaggio

用于调味的奶酪有帕尔玛奶酪（牛乳奶酪）和佩科里诺奶酪（羊乳奶酪）两种。它们各自拥有独特的风味，在使用时有着严格的区分。但是，对于普通的家庭来说，一般很难买到佩科里诺奶酪，所以用帕尔玛奶酪替代也无妨。建议您购买块状奶酪，因为比起零售的粉状奶酪，可以自己削的奶酪风味更佳。

胡椒　pepe

在日本，很多人喜欢用白胡椒来调味，但是在本书中所用的都是黑胡椒。黑胡椒的辣味浓，更能刺激味蕾。

过去，在意大利，黑胡椒的价格比白胡椒更加便宜，因而多用黑胡椒。白胡椒仅用于白肉鱼类、鸡胸肉、鸡脯肉等淡味食材的调味。

欧芹　prezzemolo

左图为皱叶欧芹，右图为平叶欧芹。在意大利，平叶欧芹最常用。皱叶欧芹则属于高档食材。在日本，皱叶欧芹价格便宜且香味浓郁，故多用皱叶欧芹。在切之前，先用水冲洗干净，然后用纱布包好后将水"甩"干。注意不能用力挤压。切的时候，须一次切完，刀工精细。这些都是留住香味的窍门。

第一章

学习掌握

基础款意大利面

对于日本人来说，提起意大利菜，首先想到的就是意大利面。

简简单单的一道意大利面，经过吉川大厨的点拨，

一下子就变得更加美味。

无论是做长意大利面，还是短意大利面，

吉川大厨将为大家介绍如何利用常见的食材做出百吃不厌的意大利面。

首先要掌握意大利料理的
烹饪基础知识

【意大利面的挑选方法】

意大利面有很多种类，本书中使用的意大利面均为一般家庭中常见的意大利面。

长意大利面分为**粗意大利面和细意大利面**两种。在意大利，哪种意大利面配哪种酱汁都有固定的搭配，但是我们在家中自己做的时候，不必太过拘泥，可以用这两种意面搭配各种酱汁。

在日本，直径1.6mm左右的细意大利面非常受欢迎。这种细面的正确叫法是"实心细面"，是与粗意大利面截然不同的品种。真正的粗意大利面一般指直径1.8～2mm的实心面。本书中使用的长意大利面是**市面上常见的直径1.9mm的实心面**。

意大利面越粗，做起来味道越好。因为实心面的截面是圆形，没有"黏度"，且**粗意大利面更容易粘上酱汁**。此外，**粗意大利面也更香更有嚼劲**。细意大利面当然也有这些优点，但是传统的意大利面酱汁确实与实心面更搭。在意大利面的发源地那不勒斯就更不必说了，普通家庭中也是粗大意大利面也更为常见。所以，您一定得尝尝粗意大利面的口味。

短意大利面一般有通心粉、螺旋粉和蝴蝶结面三种。即便是奶酪酱汁、奶油酱汁这类稀薄的酱汁，短意大利面也能很好地入味，做起来也非常方便。

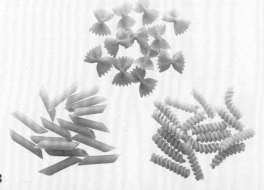

【制作美味意大利面的正确步骤】

意大利面的制作共分两个步骤，煮面与调制酱汁。两者同时完成是最为理想的状态，然而，想要完全同步通常非常困难。可以先将酱汁调制好，关火后再煮面。这样的步骤是可行的，反之不可。因为煮好的意大利面不能一直放着等到酱汁调好后再用。

因此，**"先调制酱汁"**，这是最基本的操作。但是，调汁时经常会用到煮面的汤汁，而汤汁煮至沸腾需要一定的时间，所以**在调制酱汁前，请先将水烧开备用**。在酱汁调制即将完成，且自己也确实有余力的情况下，可以开始煮面。

当然，也有例外。在酱汁只需10分钟就可以调制完成的情况下，可以先煮面，然后再调酱汁，时间上完全来得及。比如做蒜香橄榄油意大利面和戈根索拉奶酪通心粉的时候完全可以这样。

无论采用哪种步骤，都需要在意大利面快要煮好的时候，用煮面的汤汁稀释一下因冷却而变稠的酱汁。重新加热后，再倒入意大利面搅拌均匀。

基本步骤

将煮面用的水烧开

↓

调制酱汁

↓

酱汁调好后关火

↓

开始煮面

↓

面即将煮好时，重新加热酱汁

↓

将煮好的意大利面与酱汁混合后搅拌均匀

【 意大利面的正确煮法 】

煮意大利面时，最重要的是火候。煮长意大利面时，待水开始沸腾后，根据包装袋上的说明煮相应的时间即可。也有种说法是"煮制的时间要比说明上短2分钟"。在家中没有必要这样做，哪怕是多煮1~2分钟也无妨，完全能够保证"白芯"部分的存在，不会影响意大利面的口感。**意大利面不像拉面那样，放久了容易坨。**所以，尽可以放心多煮一会儿。煮短意大利面时，以说明上的时间再加

2分钟为宜。短意大利面的厚度是长意大利面的2倍以上，很有嚼劲，所以煮软一些口感更好。当然，完全根据说明上的时间来煮制，再与酱汁混合稍煮一会儿也可以，这样更易入味。

所谓"白芯"就是意大利面中央肉眼能够看到的细长的白色部分。面煮好时，应保证白芯的存在。食用时，余热会使得白芯消失，但是**吃起来却像有"芯"一样，很筋道。**

煮2人份的长意大利面时，需准备2L水和16g盐。盐水浓度为0.8%。

一般情况下，盐水的浓度为1%。但是，最近，意大利饮食提倡清淡少盐，以0.8%为宜。这样的浓度与汤品的浓度相同，喝起来咸度刚好。

水煮沸后再放入盐，盐会迅速溶化。

使用盐分略高的番茄干烹调意大利料理时，盐水浓度应控制在0.7%。

煮长意大利面时，先抓着意大利面的一端使之垂直立在锅的中央。

在意大利，有一种说法叫作"对待意大利面要像对待女人与小孩一样"，意思是在一定程度上，既不可怠慢，又不可娇纵。

松开手后，意大利面均匀四散。

用夹子或长筷将所有的意大利面都浸入水中，待沸腾后，将面拨散，防止粘连。

用小火或中火进行煮制。有小的气泡慢慢蒸腾，说明火候刚好。若用大火煮，水不断沸腾，会使意大利面互相摩擦，破坏意大利面的表层，影响口感。因此，不可用大火。

煮长意大利面时，按照包装袋说明上的时间进行煮制。小火或中火为宜。不要过度搅拌。

搅拌频率太高，会使水温下降，煮制时间变长。尤其是在煮短意大利面时，过度的搅拌会破坏意大利面的形状。

煮长意大利面时，可捞出一根，等3秒后用指腹轻轻按压，来确认面的软度。

如果稍一用力就断开，说明还未完全煮好。意大利面越硬越容易断，而煮透的意大利面富有弹性，不易断裂。

煮短意大利面时，可捞出一根放在木铲上，通过按压中间部分来确认是否煮好。短意大利面要比长意大利面煮得更软。

不管是长意大利面还是短意大利面，从锅中捞出后不能马上便确认其软硬度，需等3秒钟，待表面的水分晾干后再确认，此时才能够准确判断出面的硬度。

【 沥水的技巧 】

　　煮好的意大利面不需要放到笸子中沥干水分，**长意大利面用夹子夹起，短意大利面用漏勺或小网眼的笊篱盛起**后直接放入酱汁中即可。

　　沥水的技巧在于将意大利面慢慢向上捞起，轻轻甩2～3下，此时，汤水还在顺着意大利面滴滴下落，赶快放入酱汁中，这样做刚刚好。动作要一气呵成，意大利面上带着汤汁放入酱汁中也没关系。这些汤汁还能让意大利面与酱汁更好地融合，使口感更加爽滑。

【 用平底锅来调制酱汁 】

　　制作酱汁时，平底锅比深口锅用起来更加方便。平底锅口径大，不容易煳锅，意大利面与酱汁混合搅拌时也方便操作。有一定的深度，侧面略倾斜的平底锅最佳。做2人份时，建议使用直径24~26cm的平底锅。

　　做短意大利面时，如果用平底锅，搅拌时意大利面容易掉出锅外。如果有这样的担心，可以将煮意大利面的锅利用起来。将煮好的面和调制好的酱汁先装入碗中，在空锅内倒入酱汁和意大利面，搅拌均匀。这样意大利面既不会掉出锅外，煮面的锅还能起到保温的作用。在制作较大分量时，也可以采取这样的方法。

【 煮面的汤汁就是美味的高汤 】

　　在意大利，人们将煮意大利面的汤汁称作"高汤"，常用来调制酱汁。煮面的汤汁既有咸味，也有意大利面溶解到汤内的麦香。

　　煮面的汤汁可以用来稀释煮稠的酱汁，将浓缩的味道还原。除了调节酱汁浓度，汤汁中的咸味与麦香也可以被充分利用。比起直接用盐来调味，汤汁中的盐分能使口感更加柔和。我自己在调制酱汁时一般会少放盐，再用面汤来调出适当的咸味。

　　将意大利面倒入酱汁中后，也可以继续用面汤进行稀释。意大利面、奶酪等会吸收酱汁中的水分，所以，如果不用面汤加以调节，煮出来的意大利面就不够爽滑。

【不用急，要搅拌均匀】

将意大利面和酱汁进行混合搅拌时，希望大家一定要记住**"不要慌""不要急"**。有许多人会觉得哪怕迟了1秒，意大利面就会变坨。实际上，意大利面并不像拉面那样容易变坨。按照正常的速度搅拌就好。不要太着急，慢慢地、均匀地搅拌才最重要。**将两者充分搅拌之后，口感会一下子得到提升。**

专业的厨师会用颠锅的方式使两者混合均匀，如果动作不熟练，意大利面很容易掉出锅外。所以，初学者最好还是用夹子来进行搅拌。

【火关掉之后再撒奶酪】

做意大利面时，在最后一步经常会用到奶酪或橄榄油。不管是用哪一种，**一定要将火关掉之后再放。这样做是为了确保风味。**另外，奶酪须分2次撒入，橄榄油可分多次倒入。每次放入奶酪后，都要混合搅拌均匀，这是关键所在。奶酪很容易吸收水分，如果一次性放入，可能会在局部凝固成一团。

【盛面的盘子要预热】

做好的意大利面**一定要盛入事先预热好的盘中**。如果直接装入未预热的盘中，意大利面的表面会迅速冷却，意大利面就会变硬，口感变差。可以在意大利面煮好前2分钟左右，将少量的汤汁倒入盘中使之温热。也可在煮意大利面的锅中放上篦子，将盘子放在上面，用蒸气进行加热。

加热时，温度适宜即可，不要加热到盘子烫手的程度。在意大利面完成前2分钟时开始进行加热，就能达到适宜的温度。

番茄酱最重要的特点就是"爽口"。
用简单的食材，稍微一煮美味就诞生了。

番茄酱意大利面

Spaghetti al pomodoro

建议使用番茄罐头，口味更有保证

　　只用番茄酱调味的意大利面可以说是意大利料理中"基础的基础"。虽说是基础款，但是融合了鲜味、酸味和甜味，再加上用料少、做法简单，深受大家喜爱。当然也可以选用熟透的番茄，但一年中任何时间段都**能放心使用的还是番茄罐头**。不论季节如何变换，随时都可以用到口感稳定、熟透的番茄，对于初学者来说无疑是一大福音。最近，番茄罐头中使用的番茄品种口感更好、肉质更柔软，里面还加入了浓厚的番茄汁，因此，番茄酱汁当然能做得非常好吃。

只需将少量的洋葱和番茄煮5分钟即可

　　由于整颗番茄本身甜度较高，所以，洋葱的用法也与从前不同。**现在，做2人份的番茄酱意大利面时，只需放一小勺洋葱，轻轻翻炒几下即可**。以前，为了增加酱汁中的甜味，需要放入大量洋葱不断进行翻炒，而现在放洋葱只是为了增加一些爽口的香味。为了避免做好的酱汁中有颗粒感，洋葱务必要切细碎。

　　煮酱汁只需5分钟左右，所需时间非常短暂！通过加热使水分蒸发来调整酱汁浓度，再简单收汁后味道会更加浓郁。并不是煮的时间越长越好。番茄的"爽口"才是番茄酱汁的诱人之处。精选原料、适当收汁，让番茄的味道散发出来。最后，用煮意大利面的面汤来调整酱汁的浓度，这样酱汁就做好了。

　　使用了洋葱的番茄酱汁是最基础的番茄酱汁，还可用蒜和橄榄油做成那不勒斯风格的番茄酱汁，吃起来仿佛能感受到明媚的意大利南方风情。

材料（2人份）

粗意大利面（直径1.9mm）…	160g
煮面用的水……………………	2L
煮面用的盐……	16g（水的0.8%）

◎番茄酱

整番茄罐头………………	250g
洋葱（切碎）……………	1小勺
月桂叶…………………	1/2片
盐………………………	1小撮
色拉油…………………	2/3大勺

准备工作

◉ 调制酱汁前，开始加热煮沸煮面用的水。

意大利料理的基本食材①
整番茄罐头

最近，罐头装番茄的品种经过改良，果肉更加柔软。里面还添加了浓度接近于糖浆的高浓缩番茄汁，口味更加浓郁。块状番茄罐头口味略淡，整番茄罐头更适合做意大利面酱汁。

1　煸炒洋葱。

将洋葱和色拉油倒入平底锅中，开中小火。油热后，改小火，煸炒出香味。

平底锅不要事先加热，因为洋葱容易炒糊。洋葱倒入锅中后再点火。

2　洋葱煸炒结束。

洋葱炒至微微变色即可。

洋葱不能炒至褐色，炒出清香即可。

3　倒入整颗番茄。

将整颗番茄全部倒入。

番茄酱汁的调制未用到其他食材，所以可以将罐头装的整颗番茄直接倒入锅中，在锅中将番茄捣碎。

4　加水稀释番茄汁。

将剩余的番茄汁倒入碗中，加少量的水（分量外）稀释后，倒入 **3** 中。

直接从罐头瓶中倒出使用时，罐头瓶内也会残留一些番茄汁。这是制作番茄酱汁的重要原料，一定不要浪费，可以加少量水涮一下，再倒入锅内。

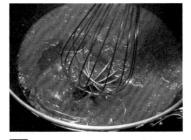

5　用打蛋器将番茄捣碎。

用打蛋器将番茄块捣碎，搅拌均匀。

捣碎程度可根据个人喜好而定。不用完全捣碎成酱，少许的果肉能使口味与口感更丰富。以前会用蔬菜滤网过筛，实际上用打蛋器捣碎就可以了。

6　加入盐和月桂叶。

撒上盐，再放入月桂叶。

月桂叶有一股清香，能起到提鲜的作用。也可以用罗勒叶代替。

7　酱汁煮 5 分钟收汁。

待酱汁加热至冒小气泡，再用小火煮5分钟左右进行收汁。为避免焦煳，可适当进行搅拌。

番茄捣碎后，再经过加热果肉内会有水分渗出。所以，为了避免酱汁过于稀薄，需要小火收汁，这样味道会更浓郁。

8　收汁结束，酱汁完成。

酱汁呈黏稠状后，即可结束煮制。取出月桂叶，关火。

待意大利面煮好，酱汁会因温度下降而变稠变硬。为防止这种情况出现，可在即将煮至所需黏稠度之前，提前关火。

9　煮意大利面。

另起锅，将煮面用的水煮沸，加入相应分量的盐，开始煮意大利面。（➡P9）

10 加热酱汁。

意大利面即将煮好时，往**8**中加入3~4大勺意大利面汤，开火加热。

面汤放多了也没关系，可多煮一会儿。注意，面汤宁可多加不要少加。

11 调整酱汁浓度。

再次加热，将酱汁煮至适宜的浓度。

12 放入意大利面。

将煮好的意大利面捞出，沥干多余的水分，放入**11**中，开大火煮。

意大利面的水分不需要完全沥干，剩余少量水分可使意大利面与酱汁更好地融合。

13 混合搅拌。

用夹子将意大利面与酱汁混合搅拌。

专业的厨师可以通过颠锅的方法使两者混合均匀。一般家庭中，用夹子慢慢搅拌就好。不用着急，慢慢来，搅拌30秒左右。时间略长一些也无妨。

14 搅拌完成。

当意大利面与酱汁充分混合后，搅拌完成。

如果酱汁过于稀薄，可以边煮边搅拌。

15 盛入预热好的盘中。

将意大利面盛入预热好的盘中，再浇上平底锅内剩余的酱汁。

主厨之声

许多人认为番茄酱汁中使用的香料是罗勒叶。实际上在意大利南部，夏季人们才会用罗勒叶做香料。在以那不勒斯为中心的意大利南部番茄产地，每年夏天会购足一年所需的番茄酱，这一时节用的香草就是罗勒叶。罗勒叶原本是在南部地区才有的香草。在没有罗勒叶的地区或季节，人们一般会用月桂叶替代。

如果想往酱汁内加入帕尔玛奶酪，需事先往酱汁内加入黄油。因为酱汁容易凝固，且粉末状的奶酪会吸收酱汁中的水分，加入黄油可以形成油膜，防止酱汁凝固。黄油还能中和番茄的酸味，使味道变得更加柔和。黄油的用量为2人份10g。在酱汁调制完成阶段，也就是第**11**步完成后加入黄油即可。

在番茄酱中加入培根和奶酪即可。
每周3顿也不会腻，美味让人念念不忘。

茄汁烟肉意大利面

Spaghetti all'amatriciana

利用培根本身所含的油脂与咸味进行调味

从赴意大利进修算起，到现在已经有50年了，**我每周一定要吃三顿我最爱的茄汁烟肉意大利面**。简单来说，茄汁烟肉意大利面就是在番茄酱中加入了培根和口感浓郁的佩克里诺奶酪。"意大利面、番茄、培根、干辣椒、佩克里诺奶酪"，茄汁烟肉意大利面中用到的这五种食材在意大利语中首字母都为P，所以也被称作"5P"料理。

口味的关键在于培根。培根经过充分翻炒后，油脂的香气与培根中渗出的盐分是这款意大利面的核心味道，**无需加入多余的油和盐**。有时，为了降低酱汁的咸度，会用开水来代替本身就有咸味的意大利面汤。

重口味的酱汁搭配筋道的粗意大利面

最近，培根的种类越来越多。市场上，瘦肉部分比肥肉部分多且发酵时间长、肉质硬的培根增多。然而，这类培根一般切成像生火腿那样的薄片，更适合用作前菜，不宜用于煎炒。尤其是经过完全发酵的培根，水分极少，翻炒时，油脂炒出后，瘦肉部分也会变硬。如果可以选择，建议使用肥肉部分较多、发酵时间短、肉质较软的培根。

培根的口味较重，所以，番茄的量可相应地多加一点，使口味均衡。菜单中用料的配比就是如此。在茄汁烟肉意大利面的诞生地罗马，为了搭配重口味的酱汁，一般选用中芯有细孔的细孔意大利面，这种意大利面粗且筋道。**用长意大利面替代时，一定要选用较粗的意大利面**。

材料（2人份）

粗意大利面（直径1.9mm）… 160g
煮面用的水…………………… 2L
煮面用的盐…… 16g（水的0.8%）

◎酱汁

整番茄罐头………………… 270g
意大利烟肉（切成条状）……60g
干辣椒………………………… 1个
白葡萄酒…………………… 90mL
开水…………………… 准备100mL
佩克里诺奶酪（也可用帕尔玛奶酪）………………… 3大勺左右

◎装盘用

佩克里诺奶酪……………… 少量

准备工作

◉ 调制酱汁前，先将煮面用的水加热煮沸。

意大利料理的基本食材②
意大利烟肉

意大利烟肉由猪肋肉腌制发酵而成。未经过熏制也是它区别于普通培根的一大特点。切成条状，烟肉的口感会更好且容易出味。如果要切成薄片，尽量切得大些。我这次使用的培根都切成了宽7mm、长2cm的条状。

1 捣碎番茄。

将整颗番茄倒入碗中，用打蛋器捣碎。

因为酱汁还需要加入其他原料，在制作过程中没有足够的时间捣碎番茄，所以需要事先放入碗中捣碎。

2 煸炒烟肉。

将烟肉和干辣椒倒入平底锅中，用中小火煸炒。锅热后，改小火，适当煸炒。

烟肉在煸炒过程中会渗出很多油脂，所以不需要倒油。如果所用烟肉肥肉部分较少，可适当加入一些色拉油。

3 炒制完成。

待烟肉中的油脂被煸炒出来，烟肉颜色变深后，结束煸炒。此时，将干辣椒取出。

肥肉部分由白色煸炒至半透明状态，一定要煸炒出香味，这样味道更佳。这种煸炒方法也决定了酱汁最终的口味。

4 倒入白葡萄酒。

将白葡萄酒画圈式地全部倒入锅内。

5 使酒精挥发。

开大火煮至沸腾，使白葡萄酒中的酒精挥发掉。

沸腾时间20秒左右。附着在锅底的香味也会溶解到葡萄酒内。

6 加入番茄酱。

将 **1** 的番茄酱全部倒入锅内。

倒完后，碗中剩余的番茄酱用少量的水（分量外）进行稀释后，全部倒入锅中。

7 用叉子捣碎。

将番茄酱平铺开来，用叉子捣碎块状番茄。

如果步骤 **1** 中已将番茄完全捣碎，可省略这一步，直接进入下一个步骤。

8 酱汁煮5分钟左右。

待酱汁加热至冒小气泡时，再用小火煮5分钟左右进行收汁。为避免焦煳，可适当进行搅拌。煮至酱汁黏稠，即收汁完成，可关火。

9 煮意大利面。

另起锅，将煮面用的水煮沸，加入相应分量的盐，开始煮意大利面。（➡P9）

10 加热酱汁。

意大利面即将煮好时，往**8**中加入50mL的热水，开中火加热。

酱汁冷却后容易凝固，可用开水进行稀释。加入奶酪后，奶酪也会吸收酱汁的水分，所以也可多加些开水。

11 放入意大利面。

将煮好的意大利面捞出，沥干多余的水分，放入**10**中，开大火煮。

意大利面的水分不需要完全沥干，剩余少量水分可使意大利面与酱汁更好地融合。

12 混合搅拌。

用夹子将意大利面与酱汁混合搅拌。

下一步放入奶酪后还需再次搅拌，所以在这里大致搅拌一下即可。

13 关火，撒上奶酪。

关火，将佩克里诺奶酪分两次撒入锅中，每次撒入后都要进行搅拌。

撒入奶酪，搅拌均匀后再盛入盘中会更加美味。注意一定要关火后再撒奶酪，且要分2次。如果一次全部撒入，会使奶酪局部凝固，不能混合均匀。

14 搅拌完成，盛入预热好的盘中。

当意大利面与酱汁充分混合均匀后，搅拌完成。

将意大利面盛入预热好的盘中，撒上装盘用的佩克里诺奶酪。

主厨之声

茄汁意面（L'Amatriciana），因起源于意大利南部小镇阿马特里切而得名。当地人喜欢用guanciale（腌制发酵的猪脸颊肉）、佩克里诺奶酪烹调意大利面。而用番茄酱制作的茄汁意面则诞生于罗马。因此也有人会用guanciale来做茄汁烟肉意大利面。烟肉渗出的油脂有一股香甜，做出来的意面也非常好吃。

吉川大厨的最爱，加了洋葱的茄汁烟肉意大利面

虽然洋葱不是茄汁烟肉意大利面的必备原料，但是，在意大利，许多人会在茄汁烟肉意大利面中加入洋葱。烟肉较咸，甘甜爽口的洋葱能使口味更佳均衡。说实话，我自己就很喜欢加了洋葱的茄汁烟肉意大利面。

洋葱的炒制方法有些复杂。如果是新上市的洋葱，翻炒所需时间短，可以与烟肉一同放入锅中翻炒。如果是陈洋葱，翻炒所需时间长，与烟肉一同炒就比较困难。这时，可以将洋葱先炒好备用，待烟肉煸炒出油脂后再倒入锅中一同翻炒。

做2人份时，可将1/8个洋葱切成薄片，放少量色拉油，在未变色前迅速翻炒，保留住生洋葱清爽甘甜的口感。炒好的洋葱可以放入冰箱内冷冻保存，所以，如果经常烹调茄汁烟肉意大利面，不妨多做一些冷冻保存，方便使用。

微微的蒜香，
再加上足量的橄榄油，味道刚刚好！

蒜香橄榄油意大利面

Spaghetti aglio, olio e peperoncino

一般来说，蒜、橄榄油、干辣椒是作为配料来使用的，但是它们却是蒜香橄榄油意大利面中的主角。虽然原料少、步骤简单，但是如何将原料炒出香味、并保留合适的水分却尤为困难。稍有差错，味道就会完全改变。请记住以下两个要点。

蒜不可多放，不可炒太长时间

第一，蒜的处理。正是大蒜独特的香味才成就了这道蒜香橄榄油意大利面。在日本，人们经常会使用大量的蒜来调味，不仅是这道菜，"意大利料理=蒜"这样的观念早已深入人心，而且许多人还坚持认为意大利料理就是因为用蒜多才会如此美味的。

做蒜香橄榄油意大利面时，从成品口感和方便取出这两方面来考虑，建议将蒜切成薄片使用。如果整个拍碎，蒜的风味会不足；如切得细碎，蒜香又过浓。如果一定要切碎使用，最多只能放1小勺。翻炒时，如果火候不够，蒜香便炒不出来；如果炒得太过，蒜变成褐色就会有苦味，而且口感也不够细腻。所以，切记将蒜煸炒至棕色即可。

用汤汁稀释，口感更加爽滑

第二，巧用橄榄油和汤汁。最近在烹制意大利面时常用到"乳化"这个词，实际上指的是在调制酱汁时，加入同等量的橄榄油和汤汁，使意面的口感更加爽滑。如果不加汤汁，做出来的意面会比较干，像煎炸或是烤制出来的一样，称不上是意大利面。一般用橄榄油调制的酱汁，最佳状态就是搅拌完成后，锅底余有少量的酱汁。如果汤汁加入过量，可以开大火加热使水分迅速蒸发掉。

材料（2人份）

粗意大利面（直径1.9mm）	160g
煮面用的水	2L
煮面用的盐	16g（水的0.8%）
蒜（厚度2mm的薄片）	4g
干辣椒（切小段）	半根~1根
欧芹（切碎）	1大勺
特级初榨橄榄油	1大勺

◎装盘用
特级初榨橄榄油 ………… 2大勺左右

1 煮意大利面。

将煮面用的水煮沸，加入相应分量的盐，开始煮意大利面。（➡P9）

这道意大利面的酱汁做起来很快，所以，可以先煮意大利面。

2 煸炒蒜片。

将蒜片和特级初榨橄榄油放入平底锅内，开中小火进行煸炒。

因为用油量较少，可将平底锅倾斜让油聚到一侧，便于煸炒。蒜煸炒至棕色即可，一定不要煸炒成茶色。

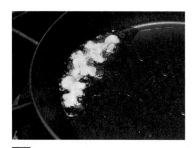

3 放入干辣椒。

放入干辣椒，稍微加热即可关火。

切成小段的干红辣椒非常容易焦煳，辣味也很容易煸炒出，因此，需晚于蒜片加入，稍微加热一下即可。

4 加入欧芹和汤汁。

关火后，在平底锅内加入欧芹和3大勺煮意面的汤，静等意大利面煮好。

看上去好像加了太多的面汤，加入煮好的意大利面可刚好吸收这些汤汁。

5 放入意大利面。

将煮好的意大利面捞出，沥干多余的水分，放入 **4** 中，开中火加热。

意大利面的水分不需要完全沥干，剩余少量水分可使意大利面与酱汁更好地融合。

6 搅拌均匀。

用夹子将意大利面与酱汁充分混合，搅拌均匀。

用夹子将意大利面夹起画圈式搅拌，使之与酱汁充分混合。不用着急，慢慢来，搅拌30秒左右。时间长一些也没关系。

7 第一次搅拌结束。

搅拌结束。意大利面吸收了橄榄油酱汁的水分，锅底仅剩一点点酱汁。

8 加入面汤继续搅拌。

再加入1大勺面汤，搅拌均匀，关火。

最后加入的面汤起到调整咸味和水分的作用。搅拌至锅底余有少量的橄榄油酱汁即可。

9 拌入橄榄油，装盘。

将装盘用的2勺特级初榨橄榄油分2次倒入锅中，每次倒入后都需要进行混合搅拌。搅拌均匀后，盛入预热好的盘中。

一定要关火后再倒入橄榄油，以保证橄榄油的风味。用喷壶盛装橄榄油，用起来更方便，喷洒也更加均匀。

蒜香橄榄油意大利面改良版

蒜香橄榄油番茄干意大利面

Spaghetti ai pomodori secchi

这道意大利面只是在蒜香橄榄油意大利面的酱汁中加入了番茄干。番茄干浓缩的鲜味会使酱汁的味道更富有层次。由于番茄干含有盐分，所以在制作的整个过程中，需要控制盐的用量。煮面的汤汁，盐水浓度应控制在0.7%左右。稀释酱汁时，不要用煮面的汤，可用开水替代。

材料（2人份）

粗意大利面（直径1.9mm）··· 160g

煮面用的水···················· 2L

煮面用的盐······ 14g（水的0.7%）

番茄干（半干燥）················25g

蒜（切碎）······················ 2g

干辣椒·························· 1根

欧芹（切碎）·················1大勺

特级初榨橄榄油··············1大勺

开水······················ 100mL

◻装盘用

特级初榨橄榄油··········2大勺左右

由于番茄干的风味很强，为了让味道更好地融合，需要将蒜切碎。当然，使用拍碎的蒜或切成薄片的蒜也可以，但用量需增加5g。

做法

1 将番茄干完全浸泡在开水中（分量外），大约浸泡15分钟至泡软。待水温变凉后，将番茄干取出，沥干水分，切碎备用。浸泡番茄干的水直接倒掉。

番茄干泡软后，盐分也会流失一部分。开水比温水可以更快地泡软番茄干和泡掉盐分，因此建议使用开水浸泡。

2 将煮面用的水煮沸，加入相应分量的盐，开始煮意大利面。（➡P9）

3 在平底锅中倒入蒜、干辣椒、特级初榨橄榄油，开中小火。待蒜炒至棕色后，加入欧芹和3大勺开水，稍煮一会儿。然后，将干辣椒挑出来，倒入**1**中的番茄干继续加热至沸腾后即可关火。静等意大利面煮好。

番茄干不用翻炒。在调制橄榄油酱汁的最后一步再放入，煮开即可，这时口感最好。

4 意大利面煮好后，沥干水分后放入**3**中，开中火搅拌混合。加入1大勺热水继续搅拌。如果咸度不够的话，可再加入一些面汤，稍微加热收汁，即可关火。

5 将装盘用的特级初榨橄榄油分两次倒入，每次倒入后都要进行搅拌混合。最后，盛入预热好的盘中。

用蛤蜊肉制作更为便捷。

味道也不逊于用带壳蛤蜊做成的蛤蜊意大利面。

白蛤蜊意大利面

Spaghetti alle vongole in bianco

蛤蜊汤是最鲜美的高汤

大家知道蛤蜊意大利面有两种吗？分别为白色（bianco）和红色的（rosso）。日本做的一般都是白色的，而在意大利一般都加入番茄酱，做成红色的。没有加番茄酱的白色蛤蜊意大利面可以说是改良版，料理名中专门加了"bianco"一词，叫"vongole in bianco"（白蛤蜊）。

蛤蜊意大利面之所以鲜美无比，是因为蛤蜊自身煮出来的汤汁非常鲜美。有很多大厨做这道料理的时候都会用蛤蜊汤替代肉汤，前提是使用带壳蛤蜊。**如果用蛤蜊肉烹调，就达不到这种鲜度。**带壳蛤蜊煮出来的汤汁决定着这道料理的味道。

煮出来的蛤蜊汤**不仅味道鲜美还含有盐分，咸味已经足够了**，无需额外加盐。偶尔可能会买到盐味较浓的蛤蜊，这时需要调整蛤蜊汤的用量和煮制方法，尽量避免汤汁过咸。一旦汤汁加到意大利面上后，就没法调整味道了，因此一定要事先调整好。

"少量多次" 添加橄榄油

与蒜香橄榄油意大利面（➡P20）的做法相同，需要用到橄榄油烹调的意大利面最重要的一个步骤就是"乳化"。当然，也**没有必要一味地过度追求乳化**，让橄榄油自然乳化即可。通过不断搅拌蛤蜊汤和最后加入橄榄油，让水分与油分充分融合，最终达到乳化状态。要想乳化效果好，最重要的是**水分与油分要等量**。所以，橄榄油需按照"少量多次"的原则添加。待橄榄油全部乳化后，均匀包裹在意大利面上。

材料（2人份）

粗意大利面（直径1.9mm）	160g
煮面用的水	2L
煮面用的盐	16g（水的0.8%）
蛤蜊（带壳）	300g
白葡萄酒	2大勺
蒜（去皮后切碎）	3g
干辣椒	1/2个
特级初榨橄榄油	1大勺
欧芹（切碎）	1大勺

❖装盘用

特级初榨橄榄油	2大勺左右

准备工作

◉ 煮蛤蜊前，开始煮沸煮面用的水。

1 让蛤蜊吐干净沙子。

蛤蜊用水洗干净后，放在盐水（食盐浓度3%，即500mL水内加入15g的盐）内浸泡2~3个小时。

如果购买的蛤蜊已经吐干净沙子了，则只用水清洗即可。

2 煮蛤蜊。

将**1**中准备好的蛤蜊和白葡萄酒倒入平底锅内，盖上锅盖开中火煮。

3 加热至贝壳打开为止。

时不时摇晃平底锅内的蛤蜊，加热到贝壳全部打开为止。

摇晃平底锅是为了保证蛤蜊均匀受热，尽可能保证每个蛤蜊差不多同时开口。如果开口时间不同，有的蛤蜊会因过度受热而肉质变硬。

4 分开蛤蜊和汤汁。

待蛤蜊全部开口后，用笊篱捞出。煮出的汤汁还需要再用茶漏过滤一遍。

因为煮出的蛤蜊汤内混杂着沙子和贝壳碎，所以不要怕麻烦，一定要用茶漏再过滤一下。

5 煮意大利面。

将煮面用的水煮沸，加入相应分量的盐，开始煮意大利面。（➡P9）

这款意大利面所用的酱汁制作时间较短，因此可以这时开始煮面。

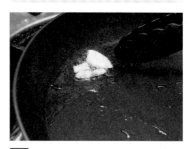

6 煸炒蒜和红辣椒。

平底锅内放入蒜、红辣椒、特级初榨橄榄油，开中小火。待油烧热后，转小火煸炒至大蒜呈焦黄色后，将其与红辣椒一并捞出。

7 加入蛤蜊汤。

往步骤**6**的锅内加入3大勺步骤**4**过滤后的蛤蜊汤，稍微加热收汁。

收完汁后一定要尝一尝蛤蜊汤的盐味！如果太咸，可以舀出少量汤汁，再加入适量白开水（分量外）。注意不要过度收汁。

8 加入带壳蛤蜊。

将步骤**4**处理好的带壳蛤蜊放入到**7**的锅内，稍微加热一下。

9 撒上欧芹。

撒上欧芹后立即关火，放置一旁待意大利面煮好。

稍微倾斜平底锅，如图所示锅内留有少量水分即为最佳状态。

10 用煮面汤稀释蛤蜊酱汁。

趁意大利面即将煮好时，往**9**内加入1大勺煮面汤，稀释蛤蜊酱汁。

11 放入意大利面。

将煮好的意大利面捞出，沥干多余的水分，放入**10**中，开中火加热。

> 意大利面的水分不需要完全沥干，剩余少量水分可使意大利面与酱汁更好地融合。

12 搅拌均匀。

用夹子将意大利面与酱汁充分混合，搅拌均匀。关火。

> 用夹子将意大利面夹起，画圈式地搅拌，使之与酱汁充分混合。不用着急，慢慢来，搅拌30秒左右。时间长一些也没关系。

13 加入橄榄油。

每次加入2/3大勺的装盘用的特级初榨橄榄油，分三次加入，每次加入后都要迅速搅拌一下。

> 一定要关火后再倒入橄榄油，以保证橄榄油的风味。用喷壶盛装橄榄油，用起来更方便，喷洒也更加均匀。

14 搅拌完毕后盛入加热的盘中。

搅拌至意大利面呈现光泽，还带有一些浓稠感时就完成了。盛入加热过的盘中即可。

主厨之声

制作番茄味的"红"蛤蜊意大利面时，需在步骤**11**时加入番茄酱（➡P14步骤**8**的状态），2人份应加入1/2杯。如果蛤蜊带壳一并装盘，食用时需用手去壳，壳上的番茄酱必然会弄脏了手，因此可提前将煮好的蛤蜊去壳，方便食用，这才是正宗的意大利式做法。其他做法与白蛤蜊意大利面相同。

成功的秘诀在于鸡蛋的处理。
让你零失误做出鸡蛋嫩滑的烟肉蛋面。

意大利烟肉蛋面

Spaghetti alla carbonara

鸡蛋需充分搅拌备用

如何让鸡蛋更顺滑且浓稠地包裹在意面上呢？这是烹调烟肉蛋面的关键。烹调失败几乎都是因为鸡蛋像炒鸡蛋一样凝固到了一起。有时候又因为过于担心鸡蛋凝固，提前关火，导致鸡蛋还是生的且黏黏的。

要想让鸡蛋达到最佳顺滑黏稠的状态，首先，要把**鸡蛋放置在常温下回温后再使用**。刚从冰箱中拿出来的鸡蛋太冰了，需要花更多的时间加热，这种情况更容易导致鸡蛋瞬间凝固。其次，鸡蛋需搅拌成水状蛋液。**要搅拌至蛋白与蛋黄均匀融合，像水一样**。因为蛋白与蛋黄凝固的温度不同，如果不充分搅拌，蛋黄会先开始凝固。我学做菜时，老师曾教导我们："要利用煮意大利面的时间，不停搅拌鸡蛋。"

加入葡萄酒和开水防止鸡蛋凝固

很多人喜欢在烹调烟肉蛋面时加入鲜奶油，这样不单单可以让口感更醇厚，还可以延缓鸡蛋凝固的速度。如果鸡蛋慢慢凝固，就不会变成"炒鸡蛋"了。除了加入鲜奶油，还可以往炒好的意大利烟肉内加入**白葡萄酒和白开水，都可以起到减缓鸡蛋凝固的作用**。

还有一个重要步骤是将做好的烟肉蛋面盛入盘内之后，再撒上适量粗研磨的黑胡椒。因为烟肉蛋面最初是煤矿工用炭火烹调而成的料理。现在我们可以用黑胡椒模拟炭灰自然飘落到意面上的样子。当然，黑胡椒还能起到增添风味的作用。

材料（2人份）	
粗意大利面（直径1.9mm）	160g
煮面用的水	2L
煮面用的盐	16g（水的0.8%）
鸡蛋（放置常温下）	2个
佩克里诺奶酪（也可用帕尔玛奶酪）	3大勺左右
黑胡椒（粗研磨）	适量
意大利烟肉（切成条状）	70g
白葡萄酒	2大勺
开水	准备100mL
纯橄榄油	2/3小勺

意大利烟肉由猪肋肉腌制发酵而成（➡P17）。烹调烟肉蛋面使用的意大利烟肉相较于"茄汁烟肉意大利面"（➡P16）中使用的烟肉，瘦肉要多一些，稍微有些肥肉最好。要追求酱汁柔滑的口感，必须要快速煸炒脂肪含量较少的烟肉，最大程度保持肉质的软嫩。当然也可以用培根代替。

1 煮意大利面。

将煮面用的水煮沸，加入相应分量的盐，开始煮意大利面。（➡P9）

这道意大利面的酱汁做起来很快，所以，可以先将意大利面煮上。

2 制作蛋液。

在碗内打入鸡蛋，放入佩克里诺奶酪，用叉子搅拌。

用叉子搅拌可以更高效地让蛋白与蛋黄充分融合。

3 加入黑胡椒。

搅拌蛋液的过程中可以加入足量的黑胡椒。

制作烟肉蛋面，黑胡椒不可或缺！盛到盘里后也需撒上黑胡椒，蛋液里也需撒上大量黑胡椒。

4 蛋液搅拌完成。

用叉子舀起蛋液，如果蛋液没有挂在叉子上，而是迅速流下，就说明已经充分搅拌均匀了。

5 煸炒意大利烟肉。

在平底锅内加入意大利烟肉和纯橄榄油，开中小火煸炒。待油温变热后，转小火，不用翻炒烟肉，待烟肉稍微上色即可。

加入少量的油煸炒，可以快速煸出烟肉的油脂。注意不要把烟肉煸炒得太干。

6 加入白葡萄酒和开水。

往**5**内淋上白葡萄酒，开大火加热，蒸发掉酒精。然后再加入60mL开水，煮沸后即可关火。

看上去好像水有点多，不过这样有助于蛋液倒入后能慢慢凝固，不会成为炒鸡蛋状。

7 放入意大利面。

将煮好的意大利面捞出，沥干多余的水分，放入**6**中，稍微搅拌一下。

搅拌时，需关火。

8 加入蛋液继续搅拌。

加入蛋液，开小火，边加热边用两个叉子快速搅拌。

9 开始搅拌时的状态。

开始搅拌时，蛋液在锅底还没有凝固。

10 利用余热搅拌。

搅拌30秒左右即可立即关火。然后再利用余热继续搅拌1分钟左右。

如果开火加热时间太久，蛋液容易变成炒鸡蛋状。趁蛋液还没有完全凝固，利用余热继续充分搅拌，蛋液由原本的黄色变成奶油色即可。

11 盛入盘中，撒上黑胡椒。

将搅拌好的意大利面盛到预热过的盘内，撒上适量黑胡椒。

主厨之声

用蛋黄替代全蛋做出的酱汁鸡蛋味道更醇厚浓郁。但是，蛋黄液更容易凝固，因此不能直接倒入锅内加热。可将三个蛋黄和半份奶酪放入碗内搅拌均匀，在出锅前放入，立即迅速搅拌，利用食材的余温让蛋黄凝固。最后再加入开水调整酱汁的浓度。

意大利烟肉蛋面改良版

教皇风火腿蛋面

Spaghetti alla papalina

教皇风火腿蛋面是诞生于二战后、改良版的烟肉蛋面。用生火腿代替意大利烟肉，而鸡蛋只用蛋黄。制作时一定要加入鲜奶油，这样口感更醇厚、味道更丰富。

什么是教皇风

"教皇风"一词源于第二次世界大战前后的罗马教皇庇护十二世。有一天，时任枢机主教的他在餐馆为教廷点午餐，他对店主说："我想点最具罗马特色的全新料理。"于是，店主就将当时风靡整个罗马的烟肉蛋面稍作改良，加入了生火腿、鲜奶油，面条也选用了不容易让酱汁飞溅的意大利宽面条，做出了一款高大上的新款料理。于是，为了纪念庇护十二世，这道料理特以"教皇风"命名。

材料（2人份）

粗意大利面（直径1.9mm）	160g
煮面用的水	2L
煮面用的盐	16g（水的0.8%）
蛋黄	2个
鲜奶油（乳脂含量35%）	100mL
帕尔玛奶酪	1½大勺
生火腿（切细条）	30g
黄油（切小丁）	10g
白葡萄酒	1大勺

◇装盘用

帕尔玛奶酪	少量

做法

1 将煮面用的水煮沸，加入相应分量的盐，开始煮意大利面。（➡P9）

2 碗内加入蛋黄、鲜奶油、帕尔玛奶酪，充分搅拌均匀。

3 平底锅内放入生火腿和黄油，开中火，稍微加热后淋上白葡萄酒，然后加入40~50mL面汤，加热至沸腾后，关火。

4 将煮好的意大利面捞出，沥干多余的水分。开火加热，将意大利面放入**3**中，充分搅拌。加入**2**的蛋液，转小火，继续充分搅拌，待酱汁呈奶油状即可。

5 盛入预热过的盘子内，撒上装盘用的帕尔玛奶酪即可。

肉馅入口有颗粒感。
无比美味的肉酱。

博洛尼亚肉酱意大利面

Spaghetti alla bolognese

用小火煸炒绞碎的肉馅

　　肉酱面的发源地是博洛尼亚，因此也被称之为博洛尼亚肉酱面。但是，传统肉酱的烹调与风靡全国的用整颗番茄为主料烹调的酱汁截然不同。传统做法是用番茄酱搭配上大量的红葡萄酒，再加上当地生产的猪肉制品等，吃起来酸味较浓重。今天我们要一起学习的是口感更加温和、制作方法更易操作的意式肉酱的做法。

　　评判肉酱好吃的标准是吃起来要有颗粒感，美味的同时还要多汁。**如果肉酱中的肉粒硬如渣滓，即可判定制作失败。**为了避免肉粒变硬，需要将**肉搅成粗粒，最初煸炒肉馅时也不要把肉炒干。**可以说，比起煮制步骤，如何煸炒肉馅决定着肉酱烹调的成败。不要着急，慢慢用小火煸炒，很快肉馅就会渗出水分，这时再开大火迅速收干水分。这样既可以去掉肉中的涩味，又可以去除肉腥味。煸炒肉馅不仅仅是为了炒熟肉，还要把肉馅中多余的水分收干。这样肉馅就煸炒完成了。

香味蔬菜不是菜码，而是调味剂

　　最合理的做法是将肉馅和香味蔬菜分别炒制。将肉馅和香味蔬菜分别煸炒至最佳状态，然后在煮之前混合到一起。如果一起煸炒，会导致肉馅的水分没有收干或者煸炒过火，这样就会影响最终口味。

　　还有一个**关键步骤是需要将香味蔬菜切细碎。**肉酱中的蔬菜并不是菜码，而是增加风味的。如果蔬菜切得太大，烹调需要花费更长的时间；蔬菜切得比肉大的话，还会影响肉馅的口感。

材料（2人份）

粗意大利面（直径1.9mm）	160g
煮面用的水	2L
煮面用的盐	16g（水的0.8%）

◎肉酱

粗绞的肉馅（牛肉或者猪肉牛肉混合）	80g
洋葱（切细碎）	10g
西芹（切细碎）	10g
胡萝卜（切细碎）	10g
色拉油	适量
牛肝菌（干）	4g
温水（泡牛肝菌用）	80mL
红葡萄酒	90mL
整颗番茄罐头	180g
月桂叶	1/2片
肉豆蔻	1小撮
盐	1小撮
黑胡椒	适量
开水	准备100mL
黄油（切小丁）	15g

◎装盘用

帕尔玛奶酪	3大勺

工具

⊙ 平底锅选用氟化乙烯树脂材质的。铁制平底锅不适合煸炒肉馅，容易焦煳。

准备事项

⊙ 制作肉酱前，开始煮沸煮面用的水。
⊙ 将整颗番茄放入碗内，用打蛋器捣碎。

1 泡发牛肝菌。

将牛肝菌放入温水中浸泡15分钟左右。待牛肝菌变软后，挤干水分，切成与肉馅颗粒同等大小。泡牛肝菌的水放置一旁备用。

如果没有牛肝菌，可以用蘑菇或干香菇替代。

2 煸炒肉馅。

平底锅内加入肉馅和1小勺色拉油，开小火。用木铲不停搅拌，待肉色变成浅褐色且水分渗出后，转中火收干水分。

肉馅的水分一定要收干。肉馅的用量可增加至100g。

3 煸炒完成。

收干水分，且肉馅从浅褐色变成深褐色后，煸炒完成。将肉盛出备用。

肉馅炒熟的同时又保留了弹性和多汁的口感。

4 煸炒蔬菜。

往**3**的平底锅内再加入1大勺色拉油，开小火煸炒香味蔬菜（洋葱、西芹、胡萝卜）。

利用平底锅内残留的肉馅脂肪，再添上一大勺色拉油煸炒，炒至蔬菜稍微上色即可。

5 加入肉馅。

蔬菜炒好后，将**3**中煸炒好的肉馅再倒回平底锅内。

6 用红葡萄酒增添风味。

加入红葡萄酒，开大火煮沸，充分搅拌，蒸发掉酒精。

煮沸20秒左右。充分搅拌，让平底锅内肉馅和蔬菜的香味充分融合。

7 加入番茄酱和月桂叶。

加入捣碎的番茄和月桂叶，继续搅拌均匀。

盛番茄酱的碗上会残留些许番茄酱，可以用开水（分量外）涮一下，倒入平底锅内。

8 加入牛肝菌和泡牛肝菌的水。

锅内加入**1**中准备好的牛肝菌和泡牛肝菌的水（用漏勺过滤后加入）。

9 煮6～7分钟收汁。

待酱汁冒泡后，转小火煮6～7分钟，充分收汁。注意不要烧焦，适当搅拌。

收干水分后，酱汁就呈现出浓稠感了。

10 煮意大利面。

趁步骤 **9** 中肉酱还在收汁时，另起锅，将煮面用的水煮沸，加入相应分量的盐，开始煮意大利面。（→P9）

11 用肉豆蔻和盐调味。

往步骤 **9** 中收完汁的肉酱内依次加入肉豆蔻、盐、黑胡椒，然后充分搅拌均匀。

12 用开水稀释肉酱。

往平底锅内加入3大勺开水稀释肉酱，然后不断搅拌收汁，浓缩肉酱的口味。

如果想要味道更浓郁，可以重复该步骤。也可以加入肉汤。

13 酱汁制作完成。

不断搅拌，待酱汁收汁至不流动状态时即可。然后挑出月桂叶，关火。

肉酱稍微有些干，因为随后还要加入热水和黄油，稍微干一些没关系。

14 加入热水和黄油。

待意大利面快要煮好时，往 **13** 内加入3大勺开水，开中火加热。待意大利面煮好后，再将黄油加入到酱汁中。

只需把黄油加入即可，不用等到其熔化。

15 放入意大利面。

将煮好的意大利面捞出，沥干水后放入 **14** 中，用夹子夹住意面搅拌，使酱汁与意面混合均匀，黄油熔化。

不要完全沥干意大利面，残留少量的水分有利于酱汁的融合。搅拌至酱汁均匀包裹到意大利面上。

16 加入半份奶酪，搅拌均匀。

关火，撒入半份装盘用的帕尔玛奶酪，搅拌均匀。

搅拌奶酪时，一定要关火。奶酪分两次加入，这样可混合得更均匀。

17 加入剩下的奶酪，搅拌均匀后装盘。

撒入剩余的奶酪，充分搅拌均匀。然后盛入预热过的盘中。

主厨之声

战后，在日本都是将意大利面盛入盘子中后，再倒上肉酱、撒上奶酪。其实，将肉酱、奶酪、意大利面在平底锅内充分搅拌均匀，让酱汁均匀包裹在面条上，味道才更佳。如果奶酪用量较少，味道也很平平。加入大量的奶酪，才能让口感更醇厚。

材料（2人份）	
扁意大利面··················	160g
煮面用的水··················	2L
煮面用的盐··· 16g（水的0.8%）	

◻ 青酱

┌ 罗勒叶··················	10g
松子··················	8g
胡萝卜（切碎）··········	1g
特级初榨橄榄油··········	40g
帕尔玛奶酪··········	2大勺
盐··················	1小撮
└ 黑胡椒··················	适量

◻ 装盘用

罗勒叶··················	2枝

准备事项

◉ 搅拌机（或料理机）的容器和刀片提前放入冰箱内冷却。

罗勒叶和料理机提前冷藏，香味更浓郁、色泽更艳丽。

青酱扁意大利面

Linguine col pesto alla genovese

　　意大利语中的青酱之所以用"genovese（原意为热那亚的，热那亚人）"一词，是因为Genova（热那亚，意大利地名）一带是罗勒叶的产地。热那亚虽说坐落在意大利北部，但是气候温暖，适合罗勒叶生长。产自该地区的罗勒叶品质佳、香味浓，于是诞生了这款青酱。为了保证罗勒叶的新鲜、爽口，以及色泽的鲜艳，**这款酱汁无需加热，只需用料理机打磨即可**。稍微有些热度，罗勒叶的色泽就会变暗淡，因此制作的时候要想办法尽可能不产生热量。在意大利餐厅，主厨为了不让料理机的马达产生的热量传递到罗勒叶上，都会提前将容器和刀片放入冰箱内冷藏。除此以外，原料的添加顺序也非常讲究。首先要将松子、胡萝卜、橄榄油搅拌成泥状，然后再加入罗勒叶，并立即快速搅拌。奶酪会吸收酱汁中的水分，可以最后再放入碗中搅拌均匀。

扁意大利面

形似把意大利面压扁后的形状，断面呈椭圆形。扁意面比圆意面更容易沾满酱汁，适合搭配泥状酱汁。烹调青酱面最重要的就是要选用扁意面。

1 煮扁意大利面。

将煮面用的水煮沸，加入相应分量的盐，开始煮意大利面。（➡P9）

这道意大利面的酱汁做起来很快，所以，可以先将扁意大利面煮上。

2 松子、胡萝卜、橄榄油一并放入料理机中。

将松子、胡萝卜、特级初榨橄榄油、盐放入料理机的容器中。

3 打成泥。

将**2**中的食材用料理机打成泥。

松子粉碎后就变成了黏稠的泥状。

4 加入罗勒叶继续搅打。

加入罗勒叶，用硅胶铲将罗勒叶按压到底部。然后再次搅打成泥。

将罗勒叶按压到一起，料理机刀片更容易转动，可更高效地搅打成泥。

5 打成泥后倒入碗中。

将酱汁搅打至细滑状态后，倒入大碗中。

稍后还要用这个碗搅拌扁意大利面，因此一定要准备　个大碗。

6 加入奶酪和黑胡椒。

加入帕尔玛奶酪和黑胡椒。

7 搅拌均匀后酱汁完成。

用硅胶铲迅速搅拌均匀。这样，青酱的制作就完成了。

8 用煮面汤稀释酱汁。

待扁意大利面煮好后，往**7**内加入1~2大勺面汤。迅速搅拌，调成易于挂在扁意大利面上的浓度即可。

可根据青酱的实际浓度酌量添加煮面汤。因为这款酱汁无法通过加热收汁，所以一定要控制好面汤的用量。

9 拌扁意大利面。

将煮好的扁意大利面捞出，沥干多余的水分，放入**8**的大碗中，用勺子和叉子搅拌均匀。然后盛入预热过的容器中，最后放上罗勒叶作为装饰。

青酱中的奶酪遇热会凝固，因此，秘诀就是要快速搅拌。

虽说有辛辣味的番茄酱更能刺激味蕾，
但是，微微有点辣味即可。

番茄辣汁通心粉

Penne all'arrabbiata

意大利人并不像日本人想的那样嗜辣！

将番茄辣汁通心粉的意大利名称直译过来就是"发怒的通心粉"。它的意思不是说食客吃了红辣椒后，因为太辣而勃然大怒，而是形容辣得冒火的感觉。

虽说番茄辣汁通心粉的一大特征就是辛辣，但**实际辣度并不像我们想象的那样辣**，只是稍微有些辣味而已。日本人烹调辛辣食物时喜欢重点强调辣味，实际上番茄辣汁通心粉用微辣就足够展示其独特风味了。一般用到红辣椒的意大利料理每次也就用半根或一根红辣椒，而番茄辣汁通心粉用了两根，但是并不切碎，而是直接整个放进去。如果你特别喜欢辣的口味，可以酌量增加红辣椒的用量，也可以将红辣椒切碎后再放进去。当然，这样最后做好的酱汁就有可能会过于辣，一定要有思想准备。

红辣椒不仅能增添辣味，还能增添香味

红辣椒不仅有辣味，还有一种独特的、刺激香味。是不是也可以把它当成一种"香草"呢？所以，不必加入月桂叶和罗勒叶，而是**巧妙发挥红辣椒的香气**。将红辣椒与大蒜一并放入橄榄油中煸炒，待辣味和香味都转移到橄榄油中后，就可以把红辣椒挑出来，这时辣味便已经足够了。接着用锅内的油煮番茄酱，参照烹调步骤图来制作即可。做这道料理需要**制作足量的番茄酱**，最好是吃完通心粉后，**盘内还有剩余的酱**。这样通心粉吃起来口感最好，盘内剩下的番茄酱还可以用面包蘸食，又可以第二次品尝酱汁的美味。

番茄辣汁通心粉装盘后，看上去和番茄酱通心粉没有什么区别。所以餐厅为了区分二者，装盘后特意装饰上了欧芹和红辣椒。这样大家可以一眼辨识出这是一道有辣味的料理。

材料（2人份）

通心粉	140g
煮面用的水	1.5L
煮面用的盐	12g（水的0.8%）

◘ 番茄酱

整番茄罐头	280g
大蒜（去皮拍碎）	3g
红辣椒	2根
特级初榨橄榄油	2大勺
盐	1小撮

◘ 装盘用

特级初榨橄榄油	1小勺
欧芹（切细碎）	1小勺

准备事项

◉ 制作酱汁前，开始煮沸煮面用的水。

通心粉

一种形似羽毛笔笔杆的短意面。

不同厂家生产的通心粉其厚薄略有不同，有的表面有纹路，有的光滑无纹路。有纹路的通心粉一般较厚，吃起来很筋道；没纹路的通心粉较薄，吃起来滑滑的。最早的通心粉是没有纹路的。

1 捣碎番茄。

将整颗番茄倒入碗中，用打蛋器捣碎。

提前将番茄捣碎，再放入平底锅内受热会更均匀，更方便烹调。

2 煸炒大蒜和红辣椒。

将大蒜、红辣椒、特级初榨橄榄油放入平底锅内，开中小火加热。待油温升高后，转小火。

倾斜平底锅，让大蒜浸泡在橄榄油内。

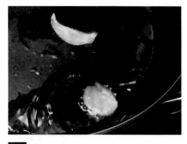

3 煸炒至大蒜变成金黄色后挑出。

待大蒜煸炒至边缘呈现出金黄色后，连同红辣椒一并挑出。红辣椒需放置一旁备用。

对比烹调"蒜香橄榄油意大利面（➡P20）"，大蒜需多煸炒一会儿，这样香味和辣味才能充分转移到橄榄油内。

4 放入番茄酱，撒上盐。

将 **1** 中捣碎的蕃茄倒入锅内，充分搅拌均匀后，撒上盐。

倒入番茄酱时，注意锅内的油容易四处飞溅。盛番茄酱的碗上会残留些许番茄酱，可以用开水（分量外）涮一下，再加到平底锅内。

5 不停搅拌煮 5 分钟左右。

用木铲不停搅拌煮5分钟。

煮番茄酱的过程中，如果水分不足，可以加入少量煮通心粉用的热水。

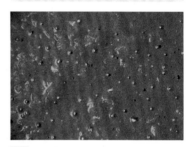

6 煮至番茄酱冒小泡。

用小火煮，待番茄酱咕嘟咕嘟冒小泡后，可关火。

7 煮通心粉。

利用 **5** ~ **6** 煮番茄酱的间隙，另起锅煮沸煮面用的水，加入相应分量的盐，开始煮通心粉（➡P9）。

8 加热酱汁。

待通心粉即将煮熟时，往 **6** 内加入两大勺煮面汤稀释酱汁。开中火加热。

为了让通心粉能更好地沾满酱汁，可以把酱汁调得稍微稀一些。

9 加入通心粉。

通心粉煮好后，沥干水分倒入酱汁内，开大火。

通心粉的水分不需要完全沥干，余少量水分可使通心粉与酱汁更好地融合。

10 加入煮面汤。

往锅内加入2大勺左右的煮面汤。

通心粉放入酱汁内，还需要再加热煮一会儿。因此，需要加入些许煮面汤。

11 不停搅拌煮 2 ~ 3 分钟。

用木叉不断搅拌，煮2~3分钟，让酱汁包裹到通心粉上，同时再煮一下通心粉。

通心粉可以按照包装说明煮熟即可，但是为了让通心粉与酱汁更好地融合，可以一起稍微再煮一下。不必担心通心粉会变得软烂。

12 加入橄榄油。

关火，少量多次加入装盘用的特级初榨橄榄油，迅速搅拌。

将1小勺橄榄油分4次加入到锅内，每次加入都需要迅速搅拌均匀。搅拌橄榄油时，一定要提前关火。

13 装盘，撒上欧芹。

通心粉色泽亮丽，香气四溢，盛到预热过的盘子里，再撒上欧芹，最后再装饰上**3**的红辣椒。

主厨之声

通心粉看上去厚度一致，实际上管子左右两边的厚度略有差异。煮好后，用手捏一捏就清楚了。一定要将通心粉整体煮透。粗通心粉和细通心粉相比，煮细通心粉反而花的时间更长。因为细通心粉的管子很细，里面的热水量较少，导热慢，自然需要花更多的时间煮熟。

番茄辣汁诞生记

番茄酱和番茄辣汁用量基本相同，只是在辣度上存在差别。乍一看，还以为番茄辣汁是番茄酱的改良版，实际上番茄辣汁最早起源于"茄汁烟肉意大利面（➡P16）"。用番茄酱、意大利烟肉、红辣椒、佩克里诺干酪制作而成的酱汁，在罗马最早被称为"番茄辣汁"。增加了红辣椒的用量，再加入牛肝菌，与通心粉搅拌均匀即可。

但是，当时并不受欢迎，于是很快就被从菜单上删除了。后来经过改良，酱汁只突出其辣味，于是原料中保留了红辣椒，剔除了牛肝菌和意大利烟肉，就变成了现在的番茄辣汁。最初佩克里诺干酪是加在茄汁烟肉酱汁里面的，现在基本上都是根据食客喜好，可自行添加。

因此，成就了如今的番茄辣汁与通心粉的完美搭配。最近在意大利，除了罗马地区，"番茄辣汁意大利面"也取得了公民权。

材料（2人份）

通心粉··················	140g
煮面用的水··················	1.5L
煮面用的盐··· 12g（水的0.8%）	

◘ 酱汁

戈根索拉奶酪（辣味）···	60g
鲜奶油（脂肪含量35%）	
··················	120mL
欧芹（切细碎）·········	1小勺
黑胡椒··················	适量
白兰地··················	1小勺

◘ 装盘用

帕尔玛奶酪··············	2大勺
欧芹（切细碎）·········	1小勺

戈根索拉奶酪有两种，这次用的是蓝纹较多的辣口"piccante"（意大利语，辣的），如果选用蓝纹较少的甜口"dolce"（意大利语，甜的），因其口感温润，用量可以增加到80g。白兰地也可以用威士忌、果渣白兰地、伏特加等蒸馏酒替代。

准备事项

◉ 制作酱汁前，开始煮沸煮通心粉用的水，加入相应分量的盐，开始煮通心粉（➡P9）。

用余温烹调出口感温和、香滑的酱汁。

戈根索拉奶酪通心粉

Penne al gorgonzola

　　戈根索拉奶酪像奶油一样细滑，口感温和。用蓝纹辣味作为点缀，让整体甜味和辣味更均衡，非常适合做意面酱汁。**需要注意的一点是，奶酪加入到酱汁中后，加热时间一定不要过久。**和装盘用的帕尔玛奶酪相同，将戈根索拉奶酪和鲜奶油一并放入锅中，待奶酪熔化至一半时关火，用余温熔化剩下的奶酪。倒入通心粉后，再开小火加热。烹调"番茄辣汁通心粉（➡P38）"时，酱汁与通心粉混合后需要再次加热煮制，而加入奶酪烹调的酱汁**不需要再次煮制，直接搅拌均匀即可。**因此，通心粉需要提前煮得稍微软一些。

1 混合奶酪和鲜奶油。

将戈根索拉奶酪切成1cm见方的小丁，和鲜奶油一并放入平底锅内。

为了能快速均匀地熔化，奶酪需事先切成小丁。如果平底锅是热的，奶酪就容易焦煳，因此一定要先放入常温的平底锅内，再开火加热。

2 稍微加热后关火。

开中火加热**1**，待奶油加热至一半开始沸腾冒泡时，关火。

如果加热至奶油全部沸腾后再关火，鲜奶油和戈根索拉奶酪因汤汁熬干，会变得过于浓稠。因此加热到半沸腾，再利用余温熔化奶酪。

3 熔化奶酪。

用木铲碾碎奶酪，搅拌至奶酪熔化。

4 加入欧芹和调味料。

往**3**的锅内加入足量的欧芹和黑胡椒，再淋入一小勺白兰地，搅拌均匀。接下来就等通心粉煮熟了。

使用鲜奶油制作的料理一定要加入白兰地之类的洋酒。这样可以去除奶腥味，使风味更温和。

5 往酱汁内加入通心粉。

通心粉煮好后，沥干水分，倒入**4**的酱汁内。

通心粉的水分不需要完全沥干，余少量水分可使通心粉与酱汁更好地融合。

6 搅拌均匀。

开小火，迅速搅拌。稍微加热一下酱汁，可更好地包裹在通心粉上。

如果加热时间太长，酱汁会瞬间凝固。待酱汁还稍微稀薄时关火，然后再加入奶酪。

7 加入奶酪后装盘。

关火，分两次撒上装盘用的帕尔玛奶酪，每次加入都需要立即搅拌均匀。最后装盘，撒上欧芹。

加入帕尔玛奶酪后，奶酪会吸收水分，酱汁会立即变稠。

主厨之声

这款料理加入欧芹，既可以去除奶酪的臭味，又可以起到配色的作用。意大利语中，蓝纹奶酪叫作"erborinato"，原本的意思就是米兰方言中的"erborin（欧芹）"。因为蓝纹奶酪切碎后看上去像是切碎的欧芹。如果使用蓝纹较少的甜口戈根索拉奶酪，需要加大欧芹的用量。

用菌菇丰富的鲜味取代肉汤的鲜味。
充分煸炒后鲜味浓缩，再做成意面酱汁。

菌菇螺旋面

Fusilli ai funghi

螺旋面是一种可以搭配任何酱汁的万能意面

如果你问我："万能的短意大利面是哪种？"我肯定会毫不犹豫地回答："螺旋面"。无论是**酱汁的配菜多还是少，也无论是各种肉类、海鲜类还是蔬菜类酱汁，都可以和螺旋面搭配**。可以肯定地说：螺旋面没有不能搭配的酱汁！即使搭配蒜香橄榄油酱汁也美味无比。比起通心粉，螺旋面更适合用来烹调各类奶酪焗饭。因为螺旋面表面有很多沟，更容易挂满酱汁，即使是偏稀的酱汁，仍可以用叉子优雅享用。它比通心粉更百搭，是一款不可多得的优质意面。

混合使用三种以上的菌菇，味道更鲜美

前面介绍过的各种酱汁都没有添加配菜，这次介绍一款用菌菇做成的酱汁。菌菇不限品种，**种类越多鲜味就越浓，最少需使用三种菌菇**。这次用了在市面上容易购买到的香菇、口蘑等5种菌菇。将菌菇用油煸炒后会渗出很多水分，再通过加热收干水分，菌菇的鲜味进一步浓缩，无需肉汤或肉的鲜味，就可以做成一款美味的酱汁。可以多加一点油煸炒至菌菇的水分充分渗出。

很多以菌菇为原料的料理，都是煸炒完菌菇后再加入鲜奶油煮制，这次我们做的是只用橄榄油煸炒，不加奶油的清爽版酱汁。这款**橄榄油系列的料理**一定要加的是番茄。只用蘑菇略显单调，番茄的甜味和酸味能让酱汁口味瞬间提升几个段位。不要用水分含量较大的番茄，而要用味道浓郁的小番茄或水果番茄，切碎后再加入。

材料（2人份）

螺旋面	140g
煮面用的水	1.5L
煮面用的盐	12g（水的0.8%）

◎酱汁

菌菇（蘑菇、鲜香菇、杏鲍菇、口蘑、舞菇等）	150g
小番茄	6个
大蒜（去皮后拍碎）	3g
柠檬汁	1小勺
盐	1/3小勺
黑胡椒	适量
欧芹（切细碎）	适量
白葡萄酒	1大勺
特级初榨橄榄油	3大勺

◎装盘用

特级初榨橄榄油	1小勺
欧芹（切细碎）	少量

准备事项

◉ 烹调酱汁前，开始煮沸煮螺旋面用的水。

螺旋面

螺旋形状的意大利面，也叫作螺旋粉。将细长的面缠在细棍上形成螺旋形就是长螺旋面的原型，如今在意大利南部仍保留了手工做面的工艺。

1 切开菌菇和小番茄。

将蘑菇、鲜香菇、杏鲍菇切小片，口蘑、舞菇撕成小块。小番茄可根据实际大小纵向切成四等份。

2 煸炒大蒜。

将大蒜和特级初榨橄榄油放入平底锅内，开中小火。倾斜平底锅，待油温升高后，改小火煸炒两分钟左右。

菌菇会吸油，因此橄榄油的用量要比烹调其他酱汁时用得多。

3 加入菌菇。

待大蒜呈现出浅棕色时，挑出，放入菌菇。

4 加入柠檬汁。

稍微搅拌几下菌菇后，加入柠檬汁。

柠檬汁既可以增加风味，又可以起到固色的作用。因此，待菌菇下锅后就立即淋上柠檬汁。

5 翻炒蘑菇。

持续翻炒至蘑菇熟透。

6 加入盐和黑胡椒调味。

翻炒过程中，撒上盐和黑胡椒，然后继续翻炒。

如果菌菇盐味不足，味道会大相径庭，一定要加入足够的盐。

7 加入配菜和白葡萄酒。

待蘑菇完全熟透后，加入小番茄、白葡萄酒、少量欧芹。

8 翻炒完成。

继续煮3分钟左右，收干水分。待平底锅底部残留少量水分时，即可关火。

除了白葡萄酒的水分，菌菇和小番茄都会出水，稍微收汁后味道更浓郁。

9 煮螺旋面。

将煮面用的水煮沸，加入相应分量的盐，开始煮螺旋面。（➡P9）

煮好的螺旋面齿纹会展开，用手按压面芯，如果面芯已经变软，就代表煮好了。

10 将螺旋面加入到酱汁中。

待螺旋面即将煮熟时，开中火加热 **8** 的酱汁。螺旋面煮熟后，捞出沥水，倒入酱汁中。

不要完全沥干螺旋面上的面汤，残留少量的水分有利于螺旋面与酱汁的融合。

11 搅拌均匀。

大约搅拌1分钟，让酱汁均匀包裹到螺旋面上。

尝一下咸味，如果咸味不足，可以加入少许面汤，加入面汤后也需加热收汁。

12 撒上欧芹搅拌均匀。

将1小勺切碎的欧芹全部撒入锅内，迅速搅拌均匀。

13 加入橄榄油。

关火，少量多次地加入装盘用的特级初榨橄榄油，迅速搅拌。

1小勺橄榄油可分4次加入到锅内，每次加入都需要迅速搅拌均匀。少量多次加入可以让橄榄油更加均匀地包裹到螺旋面上，香味也更浓郁。

14 搅拌完成，盛入温热的盘内。

搅拌至平底锅内残留少量酱汁水分时即可。将螺旋面盛到预热过的盘子内，撒上装饰用的欧芹。

筋道与柔软并存。
美味无比的蝴蝶面。

芦笋蝴蝶面

Farfalle agli asparagi

"蝴蝶"中心稍硬意味着面煮好了

经常听到有人说蝴蝶面很难煮，自己煮的蝴蝶面中间比较厚的部位总是很硬。这是由于煮面经验不足导致的。如何判断蝴蝶面是否煮好了呢？用手摸一下，左右两侧的蝶翼柔软、中心稍硬即可。**中心很筋道才是蝴蝶面的正确煮法。**基本上也就是说将蝶翼煮软就可以了。入口时，同时可以感受到蝶翼部位的柔软与中心部位的筋道，这种不统一的口感也正是蝴蝶面的魅力。

加入牛奶的奶油酱汁变身成"轻食"

柔软的意大利面适合搭配奶油类酱汁，这次介绍的蝴蝶面就搭配了芦笋奶油酱汁。将芦笋稍硬的茎部打成泥做成酱，柔软的芦笋尖可以切小片当作配菜。虽说是奶油酱汁，但如果只用100%鲜奶油煮，酱汁太浓，最好是搭配牛奶一起煮。用牛奶将芦笋茎打成泥，然后加入煸炒过的芦笋尖和鲜奶油，就成了一款"口感醇厚"且符合当今轻食概念的奶油酱汁。

只用芦笋的话，鲜味还不够。因此还有**必要加入培根、意大利烟肉、生火腿、普通火腿等任一蛋白质类腌制品。**可稍微煸炒得干一些，最后撒在蝴蝶面上。如果将腌肉直接混入到酱汁中，口感会变差，而且盐分还会溶解出来，导致料理过咸。也可以加入煸炒好的虾或螃蟹。芦笋也可以用西葫芦、南瓜替代。

材料（2人份）

蝴蝶面	140g
煮面用的水	1.5L
煮面用的盐	12g（水的0.8%）

酱汁

芦笋（粗）	4根（150g）
牛奶	1/3杯
鲜奶油（乳脂含量35%）	100mL
培根（切丝）	30g
特级初榨橄榄油	适量
欧芹（切细碎）	1小勺左右
盐	1小撮
黑胡椒	适量
白兰地	1小勺左右

装盘用

帕尔玛奶酪	2大勺

准备事项

◉ 烹调酱汁前，开始煮沸煮蝴蝶面用的水。

蝴蝶面

一种形似蝴蝶的意大利面。发祥于意大利北部、艾米利亚－罗马涅州博洛尼亚一带，也可以手工制作。

1 切掉芦笋的根部。

将芦笋茎部去皮，切掉根部3cm的部位。

2 切芦笋。

将芦笋一切两半，芦笋尖侧斜切成小段，茎部侧切成宽5mm的小丁。

3 煸炒培根。

将培根和特级初榨橄榄油放入平底锅中，开中火。待油温变热后，改小火，煸炒2分钟后盛出，放在温暖的地方备用。

不要将培根煸炒得太干，稍微有些软度最好。如果使用的培根脂肪较少，需要迅速煸炒。

4 炒芦笋茎。

将**2**中切好的芦笋茎放入**3**的平底锅中，稍微炒一下。

为了保留芦笋艳丽的绿色，煸炒时需要注意不要上色。刚开始炒时用大火，变热后转小火。

5 加入牛奶煮制。

将牛奶加入**4**中，用中火煮至沸腾。然后转小火再煮30秒左右，关火。

这时可以加入1小撮骨汤粉，增加鲜度。

6 打成泥。

趁热将**5**放入料理机中打成泥。

7 煮蝴蝶面。

将煮面用的水煮沸，加入相应分量的盐，开始煮蝴蝶面（➡P9）。用手指捏住中心部位，煮到柔软。

8 煸炒芦笋尖。

平底锅内放入**2**中切好的芦笋尖和1/2大勺特级初榨橄榄油，用中火稍微煸炒一下。

9 倒入打好的泥和面汤。

待芦笋尖稍微加热后，关火。加入**6**打好的泥，再往料理机内加入两大勺面汤涮一下残留的泥，倒入锅内。

10 加入奶油。

开中火，继续加入鲜奶油。

11 加入欧芹和调味料。

加入欧芹、盐、黑胡椒，煮沸后，改小火。

加热到即将溢出平底锅时，再立即转小火。

12 煮到浓稠。

轻轻搅拌，一直收汁到浓稠。

最初水分很多，煮至浓稠需要花一些时间。奶油酱汁边缘容易焦糊，搅拌时需多注意。

13 加入白兰地。

关火，淋上白兰地。

奶油类的酱汁一旦放凉后容易变硬变稠，这一阶段可以煮得稍微稀一些。

14 加热酱汁。

待蝴蝶面快煮好时，往**13**内加入1大勺煮面汤，开中火加热。

15 加入蝴蝶面。

蝴蝶面煮好后，捞出沥水，放入**14**的酱汁中。

不要完全沥干面汤，残留少量的水分有利于蝴蝶面与酱汁的融合。

16 搅拌均匀。

搅拌1分钟左右，让蝴蝶面裹满酱汁。

你可能会担心酱汁不够浓稠，蝴蝶面很难均匀包裹上酱汁，没关系，一会儿加入奶酪后就好了。

17 加入奶酪搅拌均匀。

关火，分三次撒帕尔玛奶酪，每次撒入约2/3大勺，需迅速搅拌均匀。

搅拌奶酪时，一定要关火。多次少量添加，是搅拌均匀的关键步骤。

18 盛到盘内，撒上培根。

将做好的蝴蝶面盛到预热过的盘子内，再装饰上**3**煸炒过的培根。

意大利料理"诞生地"地图

　　意大利国土南北细长，依山环海、地形复杂，各地孕育出了多彩的饮食文化。本书中介绍的料理和甜点都属于"意大利料理"，但是并不是所有的料理都在整个意大利流行，还有很多乡土料理。有的料理可能如今已经推广到全国范围内食用了，但是最初只是某个城镇的本土料理，或者是某一餐厅的独创料理！为了追根溯源，特此做了一张意大利料理地图。虽说有些料理并不能追溯到其具体起源地，但是我们在烹调时脑中能浮现出意大利版图的模样也就足够了。

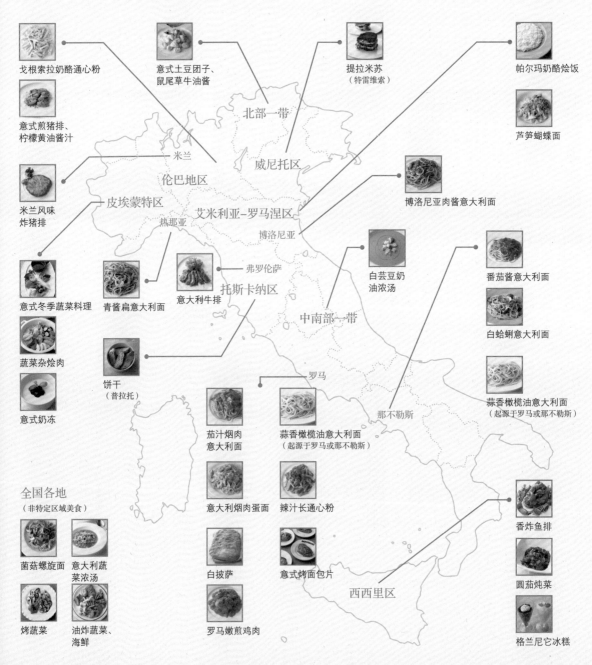

戈根索拉奶酪通心粉

意式土豆团子、鼠尾草牛油酱

提拉米苏
（特雷维索）

帕尔玛奶酪烩饭

意式煎猪排、柠檬黄油酱汁

北部一带

芦笋蝴蝶面

米兰

威尼托区

伦巴地区

博洛尼亚肉酱意大利面

皮埃蒙特区

米兰风味炸猪排

艾米利亚-罗马涅区

热那亚

博洛尼亚

番茄酱意大利面

弗罗伦萨

白芸豆奶油浓汤

意式冬季蔬菜料理

青酱扁意大利面

意大利牛排

托斯卡纳区

白蛤蜊意大利面

蔬菜杂烩肉

中南部一带

意式奶冻

饼干
（普拉托）

罗马

蒜香橄榄油意大利面
（起源于罗马或那不勒斯）

那不勒斯

茄汁烟肉意大利面

蒜香橄榄油意大利面
（起源于罗马或那不勒斯）

意大利烟肉蛋面

辣汁长通心粉

香炸鱼排

全国各地
（非特定区域美食）

菌菇螺旋面

意大利蔬菜浓汤

白披萨

意式烤面包片

圆茄炖菜

烤蔬菜

油炸蔬菜、海鲜

罗马嫩煎鸡肉

西西里区

格兰尼它冰糕

第二章

在家中也能尝到正宗的口味

披萨、意式土豆团子、意式肉汁烩饭、意式浓汤

在日本最具人气的意大利料理就是意大利面和披萨。

在意大利，有专门制作披萨的店，

因此，厨师是不做披萨的。

本章节将给大家介绍在家也能轻松做出的、类似于面包的罗马风格披萨。

除了意大利面，

下面教大家如何制做统称为"开胃菜"的意式土豆团子、

意式肉汁烩饭和意式浓汤！

披萨不仅仅要有松软口感，
罗马风格的披萨还要有酥脆感。

白披萨

Pizza bianca

不同地域、不同餐厅的白披萨也是千姿百态

　　不加任何菜码和酱汁，只将面坯烤熟，就是白披萨。加上菜码烤就变成了"披萨"；烤得稍微厚一些就成了"面包"；烤得薄一些搭配上火腿或萨拉米香肠，可当作前菜食用。

　　如今在日本，松软的那不勒斯披萨非常受欢迎，其实意大利披萨还有很多种。不同地区、不同餐厅都有各种类型的披萨。街边面包店销售一款切开卖的披萨，质地松软像是厚切面包。**罗马披萨面坯很薄，口感酥脆**，切开拿起来披萨也不会变形。我自认为这种才算得上是披萨。

披萨味美的关键就是要涂上大量橄榄油

　　烤制那不勒斯披萨，需要放入温度差不多达400℃的特制炉灶内，用瞬间高温烘烤才能产生松软的口感。**罗马风格的白披萨可以用家用烤箱制作**。烤好的白披萨要比那不勒斯披萨硬，但是咬上一口，香酥的口感就会不断蔓延。

　　这里使用的是低筋面粉，也可以混合高筋面粉或者只使用高筋面粉。如果使用高筋面粉，揉面时间和发酵时间都需稍微延长。与烤面包不同，**烤白披萨前需要涂抹上足量的橄榄油**。而且需要抹到你觉得油量有点过多的程度，这也决定了白披萨的风味和口感。所以，不要犹豫，多抹点吧。如果烤箱温度低，烤制时间会太久，这样水分被烤干，披萨就会变得特别硬。用烤箱的最高温度烤制，尽量用250℃以上的高温烘烤。

材料（易操作分量）

◘披萨坯
┌ 低筋面粉······························ 250g
│ 干酵母（速溶）···················· 3g
│ 盐······································· 1小勺
│ 细砂糖································· 1小勺
│ 特级初榨橄榄油··················· 1大勺
└ 温开水（35～37℃）··· 150mL
低筋面粉（用作干面粉）······ 适量
粗盐····································· 3～5g
特级初榨橄榄油··················· 适量

准备工作

◉ 烤盘涂上少量色拉油（分量外），再附上与烤盘尺寸相符的烘焙用纸。

1 混合低筋面粉和干酵母。

将低筋面粉倒入碗内，中间抠出一个坑，加入干酵母，迅速搅拌均匀。

现在家庭用的干酵母基本上都是速溶型。不需要提前发酵，非常方便，而且发酵效果也很好。

2 加入其他原料。

往 **1** 内加入盐、细砂糖、特级初榨橄榄油、130mL温开水。

3 开始和面。

用手掌不停抓捏，让低筋面粉与水分充分混合。

4 加入剩余的温开水。

待还有些许干面粉的时候，用小勺一点点加入剩下的温开水，需时刻观察面团的软硬程度。

需要仔细调整温水用量，和好的面团不能太软也不能太硬。

5 完成和面。

混合至没有干面粉，团成面团。如果面团可以不粘碗，就表示面和好了。

在碗里只需要把面和成团即可，不需要揉面。

6 将面团放到案板上。

在案板上撒干面粉，将 **5** 的面团放到案板上。面团上也撒上干面粉。

如果手上粘满了面，因为太黏不方便揉面，那么可以清洗干净双手之后再开始揉面。

7 摔打面团。

在案板上反复摔打面团，一直摔打至面团不再粘案板和双手为止。

如果面坯发黏，可以撒上少量干面粉。

8 充分揉面。

用手掌根部按照"用力揉开面团→再将面团折叠"的流程反复揉。一点点变换方向揉3～5分钟，直至面团充分揉透。

揉至面团表面有光泽，拉拽后面不会断即可。

9 发酵面团。

在碗内撒上干面粉，将 **8** 揉成圆面团后放入碗内。裹上保鲜膜或盖上湿布，置于室温25℃以上发酵2～3小时（或者利用烤箱的发酵功能）。

如果用湿布盖，容易干，需要每隔1小时重新洗一下湿布。

10 发酵完成。

待面团发酵至原来体积的两倍时，发酵完成。图中所示就是发酵完成后的面团。

面团发酵完成后，烤箱开始预热至250℃。

11 排出气体，摊开面团。

往准备好的烤盘和手掌上抹少量特级初榨橄榄油。用刮刀将面团从碗中取出，放到烤盘上。用手指按压，排出气体。然后将面团摊成厚约5mm的长方形。

12 压出凹坑。

用手指使劲按压出凹坑。凹坑间隔约3cm。

按压出凹坑是为了防止烤制时面坯中心膨胀。如果过于膨胀，烤出来的白披萨非常像意式面包。

13 撒上粗盐。

往面坯上均匀撒上粗盐。

不同种类的盐其咸味也不相同，需要根据实际情况调整盐的用量。

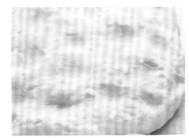

14 涂上大量橄榄油。

整体涂抹上特级初榨橄榄油。

像图中所示那样，橄榄油需填满凹坑。这样烤好的白披萨才香气四溢。可以用毛刷，也可以用细口的喷壶，总之要毫无遗漏地涂抹上橄榄油。

15 放入烤箱内烘烤。

首先将**14**的面团放入250℃烤箱的底层烤制13分钟左右，再前后调换方向放入烤箱上层烘烤7分钟，烤至表面呈现出均匀的金黄色。

不同型号的烤箱，烘烤程度也不尽相同，因此，烘烤时间仅供参考。如果烤箱可以设置成高温250～300℃，可相应缩短烘烤时间。

材料（2人材）

白披萨面坯（➡P57步骤⑩的状态）	
··································	200g
番茄酱（➡P14步骤⑧的状态）	
··································	1/3杯
乳花干酪··························	120g
鳀鱼片····························	10g
牛至（干）······················	适量
帕尔玛奶酪······················	1.5大勺
特级初榨橄榄油··················	2小勺

乳花干酪可以用其他容易熔化的奶酪代替。

做法

1 将白披萨面坯等分成两块，分别擀成直径20cm的圆薄饼。放入已铺上烘焙用纸的烤盘上。

2 将乳花干酪和鳀鱼切成小块。

3 往**1**的面坯上分别抹上半份番茄酱，再撒上**2**、牛至、帕尔玛奶酪，最后抹上特级初榨橄榄油。

4 放入用250℃以上预热过的烤箱内烘烤10分钟左右。

将面坯擀薄做成披萨。

罗马风披萨

Pizza romana

　　将白披萨（➡P55）的面坯擀成圆薄饼，再撒上配料烘烤，就成了大家熟悉的披萨了。虽说披萨发祥于那不勒斯，但罗马最早的披萨就是这样做成的。罗马风披萨最大的特征就是以番茄酱、乳花干酪为基础材料，再搭配上鳀鱼和牛至。

帕尼尼是一种意大利三明治。将烤好的白披萨从中间分切，按照个人喜好夹上蔬菜、火腿、奶酪等。可以直接食用，也可以用烤箱烤成热三明治。

材料（易操作的分量）

白披萨面坯（➡P57步骤**15**的
状态）……………………适量

A ⎰ 莫特苔拉香肠（切薄片）
   　　　　　　　　　……适量
   ⎱ 奶酪碎（易熔化类）…适量

B ⎰ 生火腿（切薄片）…适量
   ⎱ 芝麻菜………………适量

莫特苔拉香肠也叫作波伦亚香肠，是一种很像大号香肠的火腿，里面混入了猪里脊上的肥肉和阿月浑子。也可以根据个人喜好，选用去骨熏火腿或里脊肉火腿等。

做法

1 将烤好的白披萨切成适当大小，从中间一切两半。

2 一块夹上原料 A 的莫特苔拉香肠和奶酪碎，放入烤箱中烤一下，变成热三明治。

3 另一块夹上原料 B 的生火腿和芝麻菜。

夹上配菜做成三明治。

帕尼尼

Panino

披萨饺原本是用大张的白披萨面坯制作而成，这里给大家介绍一款形态娇小的类似点心的披萨饺。油炸后食用也很美味。馅料不拘一格，可以用干酪，也可以用火腿或香肠。乳清干酪质地柔软，可以直接使用。如果用硬质干酪，需提前切碎。

材料（易操作的分量）

白披萨面坯（➡P57步骤**10**的
状态）……………………180g

🔹馅料

⎰ 乳清干酪……………120g
│ 去骨熏火腿（切碎）…60g
│ 鸡蛋…………………1个
│ 欧芹（切细碎）……适量
│ 帕尔玛奶酪………1.5大勺
⎱ 盐、黑胡椒………各适量

做法

1 将鸡蛋搅打成蛋液。一半放入碗中，然后加入制作馅料的其他原料，混合均匀。

2 将白披萨面坯分成6等份，分别擀成圆形面皮。

3 往**2**的中心上放入步骤**1**调好的馅料（每张面皮1/6量），再将**1**剩下的蛋液涂抹到面皮边缘。对折，捏紧面皮边缘，然后用叉子在边缘压出花纹。

4 将**3**放到已铺上烘焙用纸的烤盘内。再放入250℃以上预热过的烤箱内烘烤8～10分钟。

夹上馅儿变成小零食。

披萨饺

Calzoncini

土豆的煮法决定团子制作的成败。
首先要保证过筛后的土豆泥蓬松。

意式土豆团子、鼠尾草黄油酱汁

Gnocchi di patate al burro e salvia

选用外表没有伤痕、带皮的土豆！

意大利语中团子的词源是"指关节"。因形状相似而得名，最早团子其实是一种用低筋面粉做成的短意面。今天介绍的这种用土豆制作的团子始于19世纪，也就是土豆从美洲大陆传过来以后，可见其历史并不算长。

用土豆制作的团子口感非常松软、蓬松。也可以说制作的关键就是尽可能追求松软的口感。首先，**最重要的是要挑选表面没有伤痕、带皮的土豆，而且煮土豆的水量要恰好没过土豆**。如果土豆去皮或表面有伤痕，土豆会吸收大量水分，土豆会变得寡淡无味；如果煮土豆的水过多，土豆就会漂浮在水面上，土豆之间相互摩擦会导致土豆皮脱落。煮土豆的过程中，即使为了确认土豆是否煮透，也严禁用竹扦插土豆，因为水会沿洞洞灌入。土豆**必须趁热过筛，而且过筛时土豆还必须垂直从筛网内穿过，这些都是保证口感松软不可或缺的关键步骤**。

起增稠作用的面粉用量是土豆的四分之一

制作团子，只用土豆没法成形，需要加入面粉增稠。如果面粉较少，面坯难以揉成团；如果面粉较多，面坯会变硬，使团子口感变差。因此，面粉和土豆的比例很重要，生土豆和面粉的重量比是4:1，这样做出来的团子软度适中。而且还需要控制干面粉的用量。

最初制作团子只用面粉，而且面团要充分揉至紧实，而土豆团子的制作却恰恰相反。**不需要用力揉搓，只需要将材料轻轻团在一起即可**。整理成棒状、切成小片时，都不要用力过大，时刻记住动作要轻柔。

材料（2人份）

◎团子面坯（容易制作的分量，最多2人份）

土豆（男爵、带皮）	400g
盐	用水量的0.5%
面粉（低筋粉）	100g
全蛋液	1/2个
帕尔玛奶酪	1大勺
肉豆蔻	1小撮

面粉（干面粉用、低筋粉）… 适量
煮团子用的盐（分预煮用和正式煮用）………… 均为用水量的0.8%
冰水………………………… 适量

◎鼠尾草黄油酱汁

黄油（切小丁）	30g
鼠尾草叶	4片

◎装饰用
帕尔玛奶酪………………… 3大勺

团子的保存方法

◉ 团子可以冷冻或冷藏保存。

【煮之前的团子】
整形后的团子（参照➡P63步骤**10**或**11**）摊放在托盘内，盖上保鲜膜后放入冰箱内冷冻，待团子变硬后再放入保鲜袋内冷冻。

【预煮过的团子】
将预煮过、放在冰水内冷却的团子（参照➡P63步骤**13**）沥干水分后摊放在容器内，裹上保鲜膜放在冰箱内冷藏。需翌日内食用完。

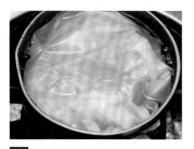

1 煮土豆。

锅内加入水、盐、土豆，水量刚好没过土豆。将烘焙用纸裁剪成圆形覆盖在上面，然后再盖上锅盖，开大火煮沸。沸腾后转小火煮25~30分钟。

用烘焙用纸替代小锅盖。

2 趁热剥皮。

土豆煮软后捞出沥干水分，趁热剥皮。剥皮时可用一块干毛巾包住土豆。

土豆放凉后皮会变得很难剥，而且质地会变得较硬，难以过筛成泥，还会产生黏性。如果想要保证土豆泥蓬松，一定要趁热快速剥干净土豆皮。

3 过筛。

将土豆对切成两半，切面朝下放置。用木铲按压过筛。

将平整的横切面朝下放置，这样可便于过筛。木铲从正上方垂直用力按压土豆。需要注意的是，木铲一定不要从侧面碾压，否则土豆泥会产生黏性。

4 放凉土豆泥。

过筛后的土豆泥松软、蓬松。用叉子摊开，散一散闷在里面的蒸汽。

筛网内侧粘满的土豆泥一定不要用木铲刮落，可用木铲敲击筛网，使其自然掉落。

5 加入奶酪、面粉、鸡蛋。

在 **4** 摊开的土豆泥内加入帕尔玛奶酪、面粉、全蛋液和肉豆蔻。

6 混合均匀。

用刮刀将四周的土豆泥往中央推，有鸡蛋的部分用刮刀切拌，直至混合均匀。

一定不要压实土豆泥！将材料混合均匀的同时还需要保持土豆泥的蓬松感。

7 用手团成面团。

用手轻轻将混合均匀的土豆泥团成一个大面团。

记住这个步骤一定要轻柔。切记不要揉搓或用力揉成硬面团，而是要整理成松软的棒状。

8 整理成棒状。

将面团整理成粗粗的棒状。将棒状面团切成5等份，切口处撒上干面粉，然后用手掌分别将面团揉成直径约1cm的棒状。

尽量少用干面粉。如果表面粘了太多干面粉，会导致在整形的过程中土豆泥因粘合不牢出现断裂。

9 切成 1cm 的小片。

将面团切成宽1cm的小片，整体撒上一层干面粉后，迅速翻动。然后按照步骤 **10** 或 **11** 介绍的方法整形。

这一步骤仍尽量少用干面粉。

10 按压出凹槽。

将**9**切口朝上下放置，用拇指按压出凹槽。

直接做成步骤**9**那样也可以。按压出凹槽或纹路有助于包裹上酱汁。用拇指斜着往前按压，感觉像是要滚动面团。

11 压出纹路。

将**9**切口朝左右放置到叉子的齿上，用手指滚动团子，按压出纹路。

团子倾斜放在叉子的齿上。拇指侧面平行放在团子上，轻轻按压滚动团子，做成有纹路的纺锤状。

12 预煮土豆团子。

将水煮沸，加入相应分量的盐，放入**10**或者**11**。用木铲轻轻搅拌防止粘连，用大火煮。待团子全部漂浮在水面后，用笊篱捞出。

预煮可以去掉土豆团子上的干面粉，保留住团子的漂亮形状。

13 用冰水冰镇。

将捞出的土豆团子放入冰水中，轻轻搅拌，团子表面不再是滑溜溜的，而是更紧致。用笊篱捞出沥水，放到平盘内摊开。可放入冰箱中冷藏保存。

如果提前平摊放在平盘中，待到步骤**14**正式煮时可轻松地倒入锅中。

14 正式煮土豆团子。

锅中换水重新煮沸，加入相应分量的盐，倒入**13**冰镇过的土豆团子。搅拌一下，用大火煮。煮至土豆团子全部浮到水面后，用笊篱捞出，盛盘。

土豆团子没有加盐，利用煮团子的水增加盐味，这一点和意大利面是相同的。

15 制作鼠尾草黄油酱汁。

将黄油、鼠尾草放入小锅中，开小火加热至黄油熔化。往**14**煮好的土豆团子上撒满帕尔玛奶酪，再浇上滚烫的鼠尾草黄油酱汁。

黄油需加热至冒泡，这样风味更佳。注意不要煮焦煳。

在意大利，土豆团子与番茄酱才是标配！

意式土豆团子、番茄酱

Gnocchi di patate al pomodoro

土豆团子与鼠尾草黄油酱汁是基础搭配，搭配番茄酱更美味。只需将番茄酱加热，然后放入黄油至熔化，最后再拌入土豆团子即可。

材料（2人份）

意式土豆团子（➡P60）…全量
番茄酱（➡P14步骤**8**的状态）
……………………………………全量
黄油（切小丁）…………20g
帕尔玛奶酪…………1.5大勺
黑胡椒……………………适量

做法

1 土豆团子按照p62~63步骤**1**~**14**制作，煮制。

2 将番茄酱倒入平底锅中加热，加入黄油至熔化。

3 将步骤**1**煮好的土豆团子倒入**2**中，搅拌均匀后，装盘。最后撒上帕尔玛奶酪和黑胡椒。

米饭煮法是成败的关键！
用日本米也可以做出美味的意式烩饭！

帕尔玛奶酪烩饭

Risotto al parmigiano

意式烩饭是一种口感富有弹性、柔软的米料理

意式烩饭有时候也会翻译成西式杂烩粥，和其他意式料理截然不同。**意式烩饭没有汤汁，米粒之间紧密结合**，即使用叉子食用，米饭也不会从缝隙中掉下来。米粒不是那种软糯的，而是柔软又有弹性。煮米的时候并没有特意不煮透米芯，而是使用的大米本身硬度就很好，可充分煮透煮黏稠。但是意大利南北地区大米的硬度也不尽相同。一般北部地区盛产的大米质地尤其硬，而产自南部地区的大米要稍微柔软一些。因此，煮米的时候要有意识地将米煮硬一些，但也不用过度纠结。

煮米时水量稍多，不容易粘锅

如果使用意大利米很轻松就可以煮出不粘锅的米饭，但是用日本米就需要多注意煮制方法才能保证口感。**关键点就是水量的控制**。提前往锅内多加入肉汤或开水，也就是**用较多的水量煮大米**。如果水量较少，必然就需要多搅拌以防粘锅。但是，如果水量较多，轻轻搅拌，也不会产生黏性。制作两人份时，最好选用直径20～22cm的锅。如果锅的尺寸过大或过小，都很难控制水量。随着水分不断蒸发，米饭内会保留淡淡的肉香。本次介绍的食谱中，最初只使用了肉汤，第二次以后使用的是开水。煮好的米饭非常美味。

烩饭装盘也是有讲究的，如果米饭盛得较多，堆成山形，可以敲击盘底，让米饭自行摊平。这可是专业大厨的手法。根据米饭摊平状态可以判断出烩饭浓度是否合适。如果米饭迅速摊平，说明煮得太稠；如果米饭无法自行摊平，说明煮得太干。能自然摊平，才是意式烩饭制作完美的标志。

材料（2人份）	
大米	150g
色拉油	1大勺
白葡萄酒	2大勺
肉汤（热的）	400mL
开水	约400mL
盐	1小撮
黄油（切小丁）	30g
帕尔玛奶酪	4大勺

大米用量按照"每人70g×人数＋10g"计算。10g指的是会粘到锅上的分量，应提前预留出来。

意大利米与日本米

下图中左边是意大利米中颗粒较大、最适合做烩饭的卡纳罗利米，右边是日本米。二者都属于日本品种，但是米粒大小和品质完全不同。意大利米水分较少，经肉汤或热水浸泡后仍可以完美保留弹性和形状。日本米水分含量高且黏性大，一煮很快就会变软，而且容易发黏。煮日本米时，一定要缩短煮制时间。

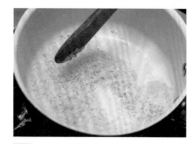

1 翻炒大米。

在锅内倒入橄榄油和大米，用小火翻炒。大米不用清洗，直接使用即可。

一定要保持小火翻炒。不断搅拌锅底的大米，像是在煎大米。在意大利，这个步骤叫作"烤（烘）"。

2 大米翻炒完成。

待大米呈现出通透感后，翻炒完成。

一定不要炒到大米上色。否则，大米会产生一种香气，这样做出来的意式烩饭就不正宗了。炒大米是为了让大米裹上一层油膜，煮的时候大米就容易被煮烂。

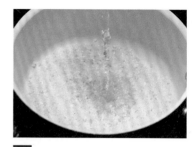

3 加入白葡萄酒。

往 **2** 内加入白葡萄酒，开大火加热，不断搅拌大米，让酒精挥发掉。

4 加入肉汤。

加入热肉汤，转小火。

如果肉汤是凉的，则煮沸需要花更长的时间。这样大米有可能就会煮过火。所以肉汤务必要趁热加入。

5 不时搅拌。

用木铲不时搅拌，刮掉粘在锅底的米粒。

如果不停搅拌，大米就会过于黏稠。所以，只需在保证不煳锅的情况下，不时搅拌几下即可。

6 轻微沸腾状态下煮 3.5 分钟。

用小火煮，使锅内大米保持轻微沸腾的状态，煮3.5分钟左右。

7 加入开水继续煮。

煮至表面冒泡，且气泡不断破灭时，往锅内添加热水100mL，至恰好盖住大米的程度。

8 不时搅拌。

与步骤 **5** 相同，不时搅拌几下。

9 反复添加热水。

如果觉得水量减少了，可以再次添加热水，然后按照步骤 **8** 继续煮。差不多每隔2分钟，加一次热水，如此反复5~6次。

这时，添加热水的量正好保持大米刚刚露出水面的程度即可。最后几次添加热水时，水量要稍微少一些。

10 大米煮好。

从步骤 **4** 加入肉汤算起，差不多15分钟就煮好了。如果大米稍硬，可以一直煮到热水全部用完。

大米煮到米粒既不太硬、不太黏，也不松散且有弹性时为最佳。在锅内搅拌大米，让其产生少许黏性。

11 撒入盐。

撒入盐，搅拌均匀后关火。

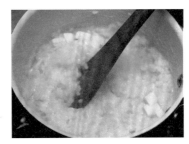

12 加入黄油。

加入黄油，迅速搅拌均匀。

提前将黄油切成小丁，易于快速熔化。

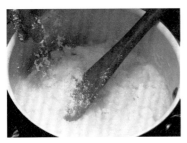

13 加入半份奶酪。

待黄油彻底熔化前，撒入半份帕尔玛奶酪，迅速搅拌均匀。

如果一次性将奶酪全部加入，容易导致局部奶酪凝固。分两次撒入，方便搅拌均匀。

14 加入剩余的奶酪。

将剩下的奶酪撒入锅内，搅拌均匀。

15 盛到盘内摊平。

盛到盘内，立即用力敲击盘底，让烩饭自行摊平。

如果一直堆成山形，余温闷在中间散不出去，中间的大米就会变软，影响口感。盛到盘里后，要立即摊平。

主厨之声

传统的意式烩饭一定都会加入洋葱碎。但是，最近煮大米用的肉汤也开始用蔬菜汤替代，在这一崇尚轻食的潮流下，洋葱也渐渐淡出了人们的视线。我个人也不喜欢加洋葱。如果要加洋葱，就切一小块与大米一起翻炒出香味就足够了。

意式烩饭是一种用叉子食用的料理，轻轻一舀就可以了。叉子没有弯曲，可以直接插进烩饭中，便于调整米量。吃的时候也不需要张大嘴巴，看上去更优雅。大米之间紧紧连接，也不会从叉子缝内掉落。如果有米粒掉落，说明烩饭烹调失败！

将基础款帕尔玛奶酪烩饭稍做改良，只需加入其他食材，就可华丽变身成各种口味的烩饭。提前准备好各种配料，在煮大米的过程中加入。传统做法是在最后加入黄油和帕尔玛奶酪增加风味和调整浓度，但是最近人们更喜欢吃加入橄榄油、口味更清淡的烩饭。因此，按照食材搭配原则，给大家推荐几款分别使用黄油和橄榄油烹制的意式烩饭。

材料（2人份）

大米（日本米）……………………	150g
藏红花…………………………………	0.25g
温水………………………………………	1/3杯
色拉油…………………………………	1大勺
白葡萄酒………………………………	2大勺
肉汤（热的）………………………	400mL
开水……………………………………	约400mL
盐………………………………………	1小撮
黄油（切小丁）……………………	30g
帕尔玛奶酪…………………………	4大勺

做法

1 藏红花放入温水中浸泡10分钟左右至泡发。泡发的水需变成橙红色（左下图）。

2 按照"帕尔玛奶酪烩饭（➡P64）"的相同步骤煮大米，煮到10分钟左右时（➡P66步骤**9**），往锅内加入**1**泡发藏红花的水，然后继续煮。

3 煮好后，加入盐调味，关火。加入黄油，然后再分两次加入帕尔玛奶酪，搅拌均匀。

4 盛入盘中，摊平。

加入藏红花。

米兰烩饭

Risotto alla milanese

这是用藏红花的香味和色泽打造的一款米兰风格的烩饭，不需要加入其他配菜。在烩饭的发祥地米兰，只要一提到烩饭，基本上说的就是这种加入藏红花的烩饭。如果藏红花和大米一起煮，色泽和香味都会受到影响，中途再加入可以保留住艳丽的黄色和怡人的香味。

加入牛肝菌。

牛肝菌烩饭

Risotto ai funghi porcini

干牛肝菌和干香菇一样，泡发的水内含有丰富的鲜味物质。即使鲜牛肝菌也敌不过泡发水的鲜味。因此，烹调这款烩饭时，用泡牛肝菌的水和热水就足够了，不需要使用肉汤。如果加入香菇、口蘑、杏鲍菇等新鲜菌菇，只需放入一半的干牛肝菌。两者分开煸炒，一并加入大米中煮制。这样，就有了一款口感丰富、风味富于变化的新款烩饭了。

材料（2人份）

大米（日本米）………………	150g
牛肝菌（干）………………	10g
温水………………	1/2杯
色拉油………………	1大勺
白葡萄酒………………	2大勺
开水………………	约700mL
盐………………	1小撮
黑胡椒………………	适量
黄油（切小丁）………………	30g
帕尔玛奶酪………………	3大勺
欧芹（切细碎）………………	适量

做法

1 将牛肝菌放入温水中浸泡15分钟左右至泡发（左下图）。泡发后，沥干水分，切细碎，泡发的水放置一旁备用。

2 按照"帕尔玛奶酪烩饭（➡P64）"的相同步骤煮大米，一开始就用开水煮，煮到10分钟左右时（➡P66步骤**9**），往锅内加入步骤**1**中的牛肝菌和泡发牛肝菌的水，然后继续煮。

3 煮好后，加入盐、黑胡椒、欧芹调味，关火。加入黄油，然后再分两次加入帕尔玛奶酪，搅拌均匀。

4 盛入盘中，摊平。

材料（2人份）

大米（日本米）……………	150g
色拉油…………………	1大勺
白葡萄酒………………	2大勺
开水…………………	约600mL
盐…………………	1小撮

◘ 番茄海鲜原料

┌ 虾仁…………………	100g
长枪乌贼（小）…………	1只
蛤蜊（带壳）…………	240g
海虹（带壳）…………	8个
整番茄罐头………………	200g
大蒜（去皮）…………	5g
白葡萄酒………………	2大勺
纯橄榄油………………	1大勺
└ 盐…………………	1小撮
特级初榨橄榄油……………	1大勺
欧芹（切细碎）…………	适量

加入海鲜和番茄。

海鲜烩饭

Risotto alla pescatora

这是大家熟悉的海鲜意大利面的烩饭版。如果海鲜与大米同时下锅煮，海鲜会因煮制时间过长而变硬。因此，提前将虾、乌贼、蛤蜊等用捣碎的番茄稍微煮一下，待大米煮至半熟时再加入。煮海鲜时会有汤汁渗出，可以用海鲜汤汁替代肉汤。海鲜不适合与奶酪搭配，因此这款海鲜烩饭并没有使用帕尔玛奶酪，而是用橄榄油增添风味和浓度。

做法

1 将大蒜拍碎，长枪乌贼横切成小块。整颗番茄用打蛋器捣碎。

2 将蛤蜊、海虹分别放入平底锅中，加入少量水（分量外），开大火煮。煮到贝壳打开后，关火，挑出贝壳肉。再把煮出的汤汁过滤备用。

3 大蒜用纯橄榄油煸炒，待大蒜稍微上色后，加入虾仁和乌贼，继续翻炒。待海鲜表面熟了后，加入白葡萄酒煮沸。然后再加入蛤蜊肉和海虹肉、海鲜汤汁、捣碎的番茄，煮沸后，撒盐调味（左图）。

4 按照"帕尔玛奶酪烩饭（➡P64）"的相同步骤煮大米，用步骤**3**的海鲜汤汁替代肉汤。

5 煮到10分钟左右时（➡P66步骤**9**），往锅内加入步骤**3**处理好的海鲜，然后继续煮。

6 煮好后，加盐调味，关火后再淋入特级初榨橄榄油，搅拌均匀。

7 盛入盘中，摊平，撒上欧芹碎。

材料（2人份）

大米（日本米）	150g
色拉油	1大勺
白葡萄酒	2大勺
肉汤（热的）	400mL
开水	约400mL
盐	1小撮

蔬菜原料

胡萝卜（切碎）	15g
西芹（切碎）	15g
西葫芦（切碎）	20g
彩椒（红、黄，切碎）	各15g
小番茄（四等分）	4个份
嫩豌豆	20g
盐	适量
纯橄榄油	3/4大勺
欧芹（切细碎）	适量
特级初榨橄榄油	3/4大勺
帕尔玛奶酪	2大勺

加入蔬菜。

蔬菜烩饭

Risotto all'ortolana

意大利料理中，用蔬菜做成的料理被誉为"田园风"。这款蔬菜烩饭用最常见的蔬菜搭配出五彩斑斓的效果。为了与米粒大小相符，蔬菜一律切成小粒，通过盐水煮、油炒，再与大米混合到一起。小番茄的酸味让原本味道略显单调的烩饭立刻变得更爽口。最后出锅前用的也不是黄油，而是橄榄油，让烩饭口感更清爽。

做法

1 将胡萝卜、西芹、西葫芦一起放入盐水中煮5分钟。彩椒和嫩豌豆分别放入盐水中煮3分钟。用笊篱捞出，沥干水分。

2 用纯橄榄油煸炒步骤**1**煮好的胡萝卜、西芹、西葫芦、彩椒，翻炒至表面裹上橄榄油后，放入小番茄，继续煸炒至小番茄变软后，关火。蔬菜处理完成（左侧图）。

3 按照"帕尔玛奶酪烩饭（➡P64）"的相同步骤煮大米，煮到10分钟左右时（➡P66步骤**9**），往锅内加入步骤**2**处理过的蔬菜。煮好后，加入嫩豌豆和欧芹，再用盐调味。

4 关火，加入特级初榨橄榄油，搅拌均匀。再分两次加入帕尔玛奶酪，搅拌均匀。

5 盛入盘中，摊平。

饱含蔬菜鲜味和甜味的
意大利时蔬汤。

意大利蔬菜浓汤

Minestrone

菜码比汤汁更多，可以吃的汤

　　意大利蔬菜浓汤属于"蔬菜汤"，因此前提条件就是菜码要多。**不是普通的喝的汤，而是菜比汤多，可以吃的汤。**如果汤里只飘着几根菜叶子，绝对不行。

　　材料有香味蔬菜（洋葱、西芹、胡萝卜）、豆子和谷物（意面或米饭），三者必不可少，具体食材可自由组合。这次还用到了圆白菜、西葫芦、土豆、番茄、嫩豌豆，还可以使用煮熟的菠菜、扁豆、莴苣叶。

煮汤前先炒一下蔬菜，浓缩味道

　　烹调意大利蔬菜浓汤最关键的步骤就是**先炒蔬菜，让蔬菜的味道更浓郁**。如果一开始就加入大量的水，煮好的汤就只有香味而已。蔬菜先用油煸炒，盖上锅盖焖煮几分钟后逼出水分，然后再把水分炒干。这样可以浓缩每种蔬菜的鲜味和甜味。**等到蔬菜炒好之后再加水**，这样鲜味和甜味就会溶解到汤中。这是烹调意大利蔬菜浓汤不可缺少的步骤。做好后，可能你会觉得蔬菜煮过火了，可这才是真正的意式蔬菜浓汤呀。蔬菜煮到黏稠更能突出汤的鲜美。

　　餐厅里制作蔬菜浓汤时都会使用肉汤，在家制作时如果第一次加的水中加入了骨汤粉，第二次只用开水就足够了。如果有培根，也可以与蔬菜一起煸炒后再加入。只要鲜味足够，完全可以不用肉汤。

材料（2人份）

洋葱	10g
西芹	40g
胡萝卜	40g
圆白菜	30g
西葫芦	40g
土豆（男爵，去皮）	140g
嫩豌豆（冷冻或煮熟的）	30g
白芸豆（罐头）	60g
整番茄罐头	70g
意大利面	30~40g
月桂叶	1片
欧芹（切细碎）	1大勺
肉汤（或热水）	约150mL
热水	约400mL
特级初榨橄榄油	1.5大勺
盐	适量

豆子除了白芸豆，还可以使用鹰嘴豆或红芸豆。意大利面可以使用折成2~3cm小段的长意面，也可以使用做汤专用的迷你意面。如果用剩米饭，在最后加入半碗米饭即可。

1 切蔬菜。

将洋葱切成大颗粒，其他蔬菜（西芹、胡萝卜、圆白菜、西葫芦、土豆）切成约1cm见方的小丁。

2 煮意大利面。

煮沸水，放入意大利面，煮软后，直接泡在热水里。

意大利面也可以煮得筋道些，但是煮软的话能更好地与汤融合。加不加盐都可以。

3 煸炒洋葱。

另起锅，锅内放入洋葱和特级初榨橄榄油，开中火煸炒。待油温变热后，转小火，不要炒焦了。

只要把洋葱刺鼻的味道炒没了就可以了。

4 加入西芹和胡萝卜。

加入西芹和胡萝卜，稍微翻炒一下。盖上锅盖焖30秒，逼出蔬菜中的水分，然后再打开锅盖翻炒至水分蒸发掉。

从最硬的蔬菜开始炒。每隔1~2分钟，盖上锅盖焖一下。

5 加入圆白菜。

往 **4** 内加入圆白菜，稍微翻炒一下后，盖上锅盖焖30秒，逼出水分。

6 继续翻炒。

打开锅盖，翻炒至水分蒸发掉。

7 加入西葫芦和土豆。

加入西葫芦和土豆，继续煸炒。盖上锅盖焖30秒，逼出蔬菜中的水分，然后再打开锅盖翻炒至水分蒸发掉。

8 加入番茄酱。

加入捣碎的整颗番茄，翻炒均匀后盖上锅盖焖30秒，逼出蔬菜中的水分。

如果把番茄直接加到水中，就变成番茄汤了。将番茄与蔬菜一并翻炒一下味道更好。

9 加入肉汤。

加入月桂叶，加入肉汤到差不多没过一半蔬菜的高度。

最初加入的水量较少，大约150mL。

10 盖上锅盖煮 5 分钟。

盖上锅盖，用大火煮沸后，改小火煮
4～5分钟。

将煸炒过的蔬菜用少量的水"像炒菜一
样煮"，可以煮出蔬菜的甜味和鲜味。

11 第一阶段煮制完成。

蔬菜煮好，此时土豆还没有完全煮透。

12 加入白芸豆。

加入白芸豆，一并煸炒。

白芸豆会吸收水分，再加上蒸发掉的水
分，1分钟左右锅内的水就没了。

13 加入热水继续煮。

加入开水，用大火煮。沸腾后，转小
火煮12分钟左右。

大约加入400mL的热水，没过蔬菜。

14 第二阶段煮制完成。

此时土豆变软，煮制完成。

蔬菜已经煮得非常软烂，汤汁融入了蔬
菜的甜味和鲜味，已经是一份鲜美的蔬
菜汤了。

15 加入意大利面。

将步骤**2**的意大利面加热一下，然后
捞出，沥干水分，加入到**14**的锅中，
继续加热。

16 加入剩下的配菜。

加入嫩豌豆和欧芹，再加入盐调味。
稍微加热后，关火。

17 完成。

从开始做到完成大约花30分钟。完成
后，挑出月桂叶，盛到盘子内即可。

装盘后，可以根据个人喜好，加入帕尔
玛奶酪或特级初榨橄榄油。

主厨之声

做这道料理时，可以将长意
大利面折成小段使用，也可
以将平时积攒的碎意面拿出
来用了，这样既不浪费又能
节约时间。如果使用通心
粉，需煮好后斜切成小段。
如果将干意面直接放入汤内
煮，很难调整水量和煮制时
间，因此，意面需单独煮好
后再加入汤中。

口感柔滑、紧跟时代潮流的豆汤。

白芸豆奶油浓汤

Crema di fagioli

品味豆子和蔬菜最天然的味道

意大利料理中经常会用到白芸豆、花芸豆、鹰嘴豆、白豆等各种干豆子。全国各地有很多用整颗豆子烹调而成的乡土料理，但是最近打成泥装的奶油浓汤非常受欢迎。豆子如果用牙齿咀嚼，一会儿就会有饱腹感，而打成泥后，不用咀嚼直接就可以喝下去，口感顺滑。

今天就给大家介绍一款泥状的浓汤，基本材料就是白芸豆和香味蔬菜。**不用黄油、鲜奶油、牛奶、奶酪等。充分利用豆子最原始的味道**，加入少量盐调味即可。煸炒洋葱和胡萝卜时，放入月桂叶一并煸炒。月桂叶不仅可以增添香味，还可以突出蔬菜的美味。

无论哪种豆子都能做成美味的浓汤

说到意大利喜欢吃豆子的地区，当属托斯卡纳区。这次我们专门选用了产自托斯卡纳区的一种叫作"Canneliini"的白芸豆。很多时候也会使用属于花芸豆品种的茶色"Borlotti"。二者均做成水煮罐头后进口到日本，可以根据个人喜好任选一种。除此以外，还可以使用日本产的白芸豆、花芸豆、红芸豆，做出来的浓汤也很美味，而**选用罐头装的更方便一些**。这款浓汤还加入了少量番茄，因此做好后会呈现出艳丽的橙色。

为了突出味道和口感，一般奶油浓汤会搭配上酥脆的烤面包，也可以搭配少量味道微苦的蔬菜。红菊苣用生的就可以，菜花类的蔬菜需要煮熟后切碎再用。醇厚的浓汤还透着爽口的风味和口感，喝一口备感舒心。

材料（2人份）	
白芸豆（罐头）	300g
大蒜（切细碎）	1g
特级初榨橄榄油	2大勺左右
洋葱	15g
西芹	15g
胡萝卜	10g
整番茄罐头	90g
月桂叶	1/2片
肉汤（或热水）	100mL
热水	约90mL
黑胡椒	适量
盐	适量

◎装盘用

特级初榨橄榄油	适量
法棍、白面包等	适量

这里使用的是从意大利进口的水煮罐头装白芸豆"Canneliini（意大利语，白芸豆）"。颗粒要比日本白芸豆小一圈，但味道更佳。

1 制作装盘用的烤面包。

将面包切成1cm见方的小丁，放入烤箱内烤或放入平底锅内煎至面包酥脆。

2 煸炒大蒜。

锅内放入特级初榨橄榄油和大蒜，用中小火煸炒。待油温变热后，转小火，大蒜煸炒至金黄。

倾斜平底锅，让油完全浸泡过大蒜，这样煸炒更高效。

3 加入香味蔬菜翻炒。

加入洋葱、西芹、胡萝卜、月桂叶，继续翻炒。

待蔬菜炒熟后，蔬菜本身的香味和鲜味会进一步浓缩。

4 加入整颗番茄继续翻炒。

用木铲把蔬菜推至锅边，在锅中央倒入整颗番茄，用木铲碾碎，翻炒。最后把番茄和香味蔬菜合到一起翻炒。

番茄炒30秒左右水分就没了，这时番茄味道更浓郁，可以继续与香味蔬菜混合到一起翻炒。

5 加入白芸豆。

白芸豆沥干水分，倒入锅内，迅速搅拌。

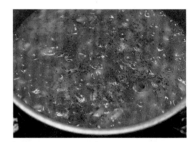

6 加入肉汤。

加入肉汤，继续煮5分钟左右。撒上黑胡椒，关火，挑出月桂叶。

水量需没过蔬菜。通过煮制，汤内浓缩的蔬菜香味就会转移到白芸豆内。黑胡椒可以增香，可在煮好后撒上。黑胡椒的用量差不多需要转5圈研磨器，稍多点儿也没关系。

7 用料理棒搅拌。

用料理棒将锅内的蔬菜搅拌成泥。

充分搅拌至材料都变成浓稠的泥状。

8 用开水稀释。

加入开水稀释，开中火加热。最后撒入盐调味。

打成泥后，汤会过度浓稠。可以加入开水稀释成合适浓度。

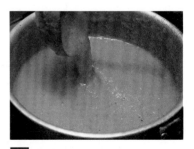

9 完成。

浓稠的白芸豆奶油浓汤完成了。盛到容器内，撒上**1**处理好的面包丁。最后再多淋上些橄榄油，搅拌均匀即可。

第三章

搭配红酒更美味

前菜、主菜

很多日本家庭吃意大利料理，

一般就是一盘意面配上一盘前菜或者主菜就足够了。

前菜可以提前将蔬菜煮好备用，

主菜也都是用最常见的食材烹调而成的。

单手端着高脚杯，一起享受美食吧!

充分烤透、刷上橄榄油，
就足够美味。

意式烤面包片

Bruschetta

面包片烤至焦香，味道更正宗

一提到意大利烤面包片，一般指的都是蒜香烤面包片，就是用**大蒜、橄榄油、盐、黑胡椒**调味后烤好的土司片，也叫"罗马蒜蓉烤面包（罗马烤面包）"。

在日本经常能吃到加入番茄丁的烤面包片。其实，这是烤面包片的新式吃法，还可以搭配上蔬菜、奶酪、煮熟的豆子、海鲜等。

最初，烤面包片是用像乡村面包那种圆形的面包烤出来的，除了乡村面包，还可以选用巴黎面包、花式面包等较粗的法式面包，切成较厚的大面包片，更正宗。法棍面包稍微有些太细了。"Bruschetta（烤面包片，意大利语）"的语源就是"烧焦"。因此，最重要的是把**面包片充分烤香且烤到微焦**。

选用出炉1~2天后的面包

面包切成约1.5cm的厚片即可。刚出炉的面包水分含量高，过于柔软，不适合做烤面包片。把面包装入保鲜袋内放入冰箱（冬天可放在温度低的场所）中冷藏1~2天，这样面包质地会更紧密，口感更好。也可以将面包切片后冷藏，取出可以直接烤。

顺便提一下，烤面包片的历史可追溯到古罗马时代，是最古老的前菜，在罗马还有专门叫作"Bruschettieri（烤面包片，意大利语）"的餐厅。

◆基础款烤面包片

材料（4个份）

面包（乡村面包、法棍、欧包等切
　片，厚约1.5cm）·············· 4片
大蒜（剥皮后对切成两半）
　······························ 一小块
特级初榨橄榄油················· 4大勺
盐、黑胡椒····················· 各适量

建议将面包装在保鲜袋内放入冰箱内冷藏
1~2天。

1 烤面包片。

将切好的面包片放入烤箱内烤香。

也可以放在烤网、烤架、平底锅内烤。用烤箱更容易烤出酥脆的效果，后半段最好用明火烤。用夹子夹住，像烤海苔那样用远火烤。

2 抹上大蒜。

将大蒜切口对着面包片涂抹。

如果面包片两面都涂抹上大蒜，香味和辣味更浓；如果只抹单面，抹两三下就可以了。

3 淋上橄榄油。

每片面包上分别淋上1大勺的橄榄油。

橄榄油是这款烤面包片的酱汁，让面包吸满橄榄油，咬下去一口，橄榄油差不多快滴出来了，非常好吃。

4 撒上盐和黑胡椒。

根据个人喜好酌量撒上盐和黑胡椒。

刚烤好的面包片味道很棒，冷却后再食用味道也不错。

主厨之声

大蒜直接生抹到面包片上，香味和辣味都更浓一些。一般单面抹两三下即可，也可按照个人喜好，两面都抹上。如果你不喜欢大蒜的味道，可以只抹一下。或者你没打算烤蒜香味的面包片，那就不需要抹大蒜了。在罗马，有的店还用牙签插上大蒜，顾客可以自由涂抹。

花式烤面包片

番茄烤面包片

材料（2个份）

面包（切厚片）…………2片
大蒜（剥皮后对切成两半）……………………一小块

配料
- 番茄（大个）……… 1/2个
- 特级初榨橄榄油……2大勺
- 盐、黑胡椒……… 各适量
- 欧芹（切细碎）…… 适量

做法

1 烤面包片，抹大蒜。

2 将番茄切丁，放入碗内，然后加入特级初榨橄榄油、盐、黑胡椒、欧芹，搅拌均匀。

3 将2抹到1上，淋上剩余的番茄汁。

卡布里风烤面包片

材料（2个份）

面包（切厚片）…………… 2片
大蒜（切成两半）………一小块

◎配料
┌ 乳花干酪………………… 60g
│ 番茄（稍小）………… 1/2个
│ 罗勒叶…………………数片
│ 特级初榨橄榄油…… 2大勺
└ 盐、黑胡椒…………各适量

做法

1 烤面包片，抹大蒜。

2 将乳花干酪和番茄分别切成四等份的厚片。

3 在面包片上交错放上**2**和罗勒叶。淋上特级初榨橄榄油，撒上盐、黑胡椒。

芸豆烤面包片

材料（2个份）

面包（切厚片）…………… 2片
大蒜（剥皮后对切成两半）
………………………一小块
◎配料
┌ 特级初榨橄榄油…… 2大勺
│ 白芸豆（水煮罐头）…… 80g
│ 盐、黑胡椒…………各适量
└ 欧芹（切细碎）…………适量

做法

1 烤面包片，抹大蒜，淋上1/2大勺的特级初榨橄榄油。

2 将白芸豆、1大勺特级初榨橄榄油、盐、黑胡椒混合搅拌均匀，用叉子碾碎一半的白芸豆。

3 在面包片上抹上**2**中碾碎的白芸豆，然后再放上未碾碎的整颗白芸豆。最后撒上欧芹。

海鲜烤面包片

材料（2个份）

面包（切厚片）…………… 2片
大蒜（切成两半）………一小块
◎配料
┌ 蛤蜊（带壳）………… 260g
│ 大蒜（剥皮后拍碎）
│ ………………… 2g（1/4片）
│ 小番茄（切四等份）… 4个份
│ 欧芹（切细碎）…………适量
└ 特级初榨橄榄油……… 1大勺

做法

1 在锅内加入少量的水（分量外），煮蛤蜊，煮到蛤蜊壳打开后，取出蛤蜊肉。汤汁过滤后备用。

2 大蒜用特级初榨橄榄油煸炒至上色后，挑出大蒜，放入小番茄翻炒。待番茄变软后，加入**1**中的蛤蜊汤，汤汁量收到一半后，加入蛤蜊肉和欧芹，关火。

3 烤面包片，抹大蒜。将**2**的蛤蜊和番茄放在面包片上，淋上汤汁。

蘑菇烤面包片

材料（2个份）

面包（切厚片）…………… 2片
大蒜（切成两半）………一小块
◎配料
┌ 蘑菇（切薄片）………… 60g
│ 白葡萄酒………… 1/2大勺
│ 柠檬汁………… 1/2小勺
│ 盐、黑胡椒…………各适量
│ 特级初榨橄榄油……… 1大勺
│ 奶酪（易熔化）…………适量
└ 欧芹（切细碎）…………适量

做法

1 用特级初榨橄榄油煸炒蘑菇，然后撒上白葡萄酒和柠檬汁。用盐和黑胡椒调味。

2 烤面包片，抹大蒜。

3 将**1**的蘑菇放到面包片上，奶酪切成适当大小后放在最上面。再用烤箱烤到奶酪熔化，最后撒上欧芹。

材料（2人份）

茄子·························· 1根
西葫芦·················· 2/3根
彩椒（红、黄）········ 各1/2个
盐·························· 适量
特级初榨橄榄油············ 适量

◇酱汁

特级初榨橄榄油········ 2大勺
大蒜（去皮后切薄片）··· 1片
罗勒叶（切细碎）····· 2大片

南瓜、红菊苣、番茄等蔬菜都适合做烤蔬菜。大的番茄可以去皮后切厚片烤，小番茄可以整颗烤。酱汁中的罗勒叶可以用牛至（干）替代。

去除蔬菜中多余的水分，
烤出诱人的烤痕。

烤蔬菜

Verdure grigliate

　　烤蔬菜最初是将蔬菜放在有凹槽的铁板或烤架上用炭火素烤而成的。烤好的蔬菜一定要有烤痕，看上去会更美味。因此，在家用平底锅做烤蔬菜时，**最关键的就是要烤出象征美味的烤痕**。如果直接将蔬菜放入平底锅干烤，很难出现烤痕，可以借助少量油的力量。用刷子往蔬菜上涂一层薄薄的油，不要随意翻动蔬菜，直接烤即可。一定要控制好油量，如果油太多，就变成炒蔬菜了。

　　另外，**还需要撒上盐腌出多余的水分，用中小火慢慢烤透**，这样可以烤出蔬菜的甜味。因为原料用的都是生吃也很美味的蔬菜，只要蔬菜烤出烤痕，就算没有烤软也没关系。因为这是一款可提前烤好、常温下食用的料理，所以不用着急非得趁热上桌。

1 切蔬菜。

茄子斜切成1cm厚的片、西葫芦斜切成8mm厚的片。彩椒去籽去蒂，切成一口大小。

茄子一烤会因水分流失而变薄，因此可提前切得稍厚一些。西葫芦也可以纵向切薄片。

2 往蔬菜上撒盐。

将茄子和蔬菜两面、彩椒内侧撒上盐，腌5分钟。

撒盐是为了腌出多余的水分，同时盐也可以增添底味。盐会随着水分流失，因此可以多撒一些。

3 吸干渗出的水分。

用厨房纸巾包裹住蔬菜，轻轻按压，吸干渗出的水分。

撒上盐放置5分钟后，蔬菜的切口部位就会有水分渗出，立即用厨房纸巾吸干。彩椒去除少量水分后，会变得平整一些，方便烤。

4 抹上橄榄油。

用刷子将茄子和西葫芦两面、彩椒内侧抹上一层薄薄的橄榄油。

如果直接往蔬菜上淋油，不容易控制油量。为了避免油量过多，用刷子轻轻涂上一层即可。

5 用平底锅烤。

将蔬菜分次放入平底锅中，用中小火烤，需要花一些时间才能烤至上色。首先烤茄子。

可以用手或刮刀按压着蔬菜烤。水分渗出后，蔬菜味会更浓郁，也更容易上色。

6 翻面继续烤。

翻面，接着烤另一面，烤至上色。烤好后，平铺摆放到平盘内。用同样的方法接着烤西葫芦。

7 按压着彩椒烤。

用刮刀按压着彩椒，烤至两面都上色。然后，一起摆放到**6**的平盘中。

为了让弯曲的彩椒能烤出烤痕，需要用刮刀按压着烤。如果肉质较厚，很难烤透，也可以改用烤箱烤。

8 调制酱汁。

将制作酱汁的材料放入碗中拌匀。

这本身就是一道品尝蔬菜自然风味的料理，也可以不用酱汁，只需淋上橄榄油即可。这里给大家介绍的这款酱汁具有增香的作用，但是也只用了大蒜和罗勒叶。

9 烤蔬菜淋上酱汁。

将酱汁淋在摆放到平盘内的蔬菜上。

淋上酱汁后，第二天食用味道也很好。但是不能再放置更久了，因为如果橄榄油过度渗到蔬菜内，会影响蔬菜口味。

美味蔬菜搭配大蒜酱汁，
烹调的秘诀就是大蒜味不要太冲。

意式冬季蔬菜料理

Bagna caoda

意式冬季蔬菜料理的精髓就是"温热的酱汁"

　　近几年，在日本悄然流行起来的意式冬季蔬菜料理最初是意大利北部地区皮埃蒙特当地的冬季农家菜。就是将生蔬菜和煮熟的蔬菜蘸着用大蒜、鳀鱼、橄榄油做成的酱汁食用。煮熟的蔬菜可以趁热食用也可以冷却后再食用，**最关键的就是酱汁要"温热"**。因为在皮埃蒙特方言中"Bagna canda"就是"温热酱汁"的意思。做成凉酱汁就变成了另外一款料理了（➡P89）。

　　非常遗憾的是，在日本烹调出的意式冬季蔬菜料理，一般大蒜味太浓了。我一直觉得能稍微再中和一下大蒜的味道，口感会更温和。**不要使用太多大蒜。大蒜切薄片后可用水冲洗**，去除蒜臭味和辣味，再用油煮。这是处理大蒜的关键步骤。还可以加入鲜奶油、黄油等，用牛奶煮大蒜也可以中和大蒜味。今天介绍的酱汁食谱并没有使用乳制品，只用到了三种材料。

用低温煮出大蒜温和的味道

　　火候一定要保持超小火。意大利语中用"烟囱刚冒烟"来形容火候小。只有严格保证火候小，才能煮出大蒜和鳀鱼的美味。如果油温高，就变成大火炸了，鳀鱼便很容易变成棕色。

　　要想煮得好，放油的方式也很关键。**刚开始少放一点油，待沸腾后再稍微加点油**，如此反复10次左右。加入新油，是为了降低油温，让油持续保持低温。而且，油温低还有助于碾碎大蒜。差不多煮20~30分钟，煮至大蒜和鳀鱼都碎了，就说明做好了。

材料（容易烹调的分量）

◘蔬菜（根据个人喜好选择）
- 南瓜⋯⋯⋯⋯⋯⋯⋯⋯⋯ 1/8个
- 抱子甘蓝⋯⋯⋯⋯⋯⋯⋯ 4个
- 罗马花椰菜（掰小块）⋯⋯ 1/4个
- 土豆（带皮）⋯⋯⋯⋯⋯⋯ 1个
- 彩椒（红、黄）⋯⋯⋯⋯ 各1/3个
- 西芹（靠近芯的部分）⋯ 1~2根
- 红菊苣⋯⋯⋯⋯⋯⋯⋯⋯ 适量
- 意大利香芹⋯⋯⋯⋯⋯⋯ 1枝

◘酱汁（容易烹调的分量，酌量添加）
- 大蒜（去皮）⋯⋯⋯⋯⋯⋯⋯15g
- 鳀鱼里脊肉⋯⋯⋯⋯⋯⋯⋯30g
- 特级初榨橄榄油
  ⋯⋯⋯⋯ 130g（约160ml）

不同品牌的鳀鱼罐头，其鱼肉的大小、厚薄、色泽、盐分都不相同。推荐选用肉厚、发红、不太咸的鳀鱼肉。

87

1 切大蒜。

将大蒜纵向对半切开后，取出嫩芽，然后再切成薄片，不要切得太小。

如果大蒜切得太小了，反而不容易捣碎，最好是切得稍微大一点。

2 用水漂洗大蒜。

将 **1** 的大蒜放入水中浸泡3小时。中间可以换一次水，煮之前再冲洗一次，沥干水分。

大蒜也可以前一天晚上浸泡。这种情况下，需要中间更换两次水。

3 用橄榄油煮。

将鳀鱼切成4等份。锅内放入大蒜、鳀鱼，倒入40g（50mL）特级初榨橄榄油，用小火加热。

4 边煮边碾碎。

煮的时候，可以用叉子碾碎大蒜和鳀鱼。

刚开始油并没有什么变化，随着油温升高，会咕嘟咕嘟沸腾。一定要全程保持超小火。

5 一点点加入橄榄油。

待油锅内泡沫开始变多时，加入一大勺橄榄油，降低油温，继续用叉子碾碎。这一步骤反复重复8~9次，直到加完全部的橄榄油。

看到油锅即将沸腾时，就往锅内添加油。差不多间隔两分钟就往锅内加油。

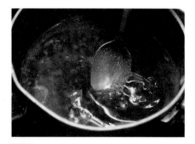

6 酱汁完成。

做好的酱汁，虽说没有完全呈泥状，但是大蒜和鳀鱼已经很黏稠了。

后半段可以用勺子碾碎，这样也更方便搅拌。

7 蔬菜准备 1。

将可以生吃的西芹和红菊苣切成适当大小。南瓜用保鲜膜裹住放入600W的微波炉中加热4分钟左右。土豆带皮放入水中煮软后，去皮，切成一口大小。

8 蔬菜准备 2。

切掉抱子甘蓝底部的蒂，剥去最外层的叶子，在底部切入1cm深的十字切口。然后放入食盐浓度0.3%（盐是分量外）的热水中煮。煮到5分钟的时候，加入罗马花椰菜继续煮2.5分钟。最后一并捞出。

9 蔬菜准备 3。

彩椒先烤再去皮（→P89），切成适当大小。将步骤 **7** ~ **8** 中处理过的蔬菜以及意大利香芹一并摆放到容器内，淋上 **6** 中温热的酱汁。

如果酱汁有剩余，可以加少许鲜奶油调味，加热后就变成了意大利面酱汁了。

彩椒如何去皮？

彩椒可以放在烤箱内烤，但是要直接用明火烤，这样表皮可以更快被烤焦，更容易剥掉。也可以将彩椒穿在竹扦上直接放在明火上烤。凹陷部位烤不到火，需要仔细翻转，让整个彩椒都烤到火，差不多烤5分钟。如果不趁热剥皮，冷却后就很难剥掉了。彩椒刚烤好时太热，可以放置1分钟再剥皮。或者将烤好的彩椒放入冷水中并迅速把大块的表皮剥下来，然后再换一碗干净的水，或者用流水冲洗剥剩下的表皮。表皮如果不能完全剥干净，有少许残留也没关系。

1 将彩椒放在烤网上用大火烤，烤至表皮焦黑。

2 将烤好的彩椒放入盛满冷水的碗中，用手轻轻搓掉表皮，非常好剥。

3 对半切开后，去掉籽和蒂，用刀削掉边缘脏的部位。

清凉版意式蔬菜料理

意式夏季蔬菜料理

Bagna freida

这是意式蔬菜料理的清凉版，是蔬菜可蘸着凉酱汁食用的夏季料理。比起意式蔬菜冬季料理的酱汁，这款料理大蒜用量减少，加入了白葡萄酒醋后，用料理机打成泥。白葡萄酒醋也可以用苹果醋、蜂蜜醋、柠檬汁等替代，混合均匀后酸味有所中和。也可以当作沙拉酱汁使用。

材料（容易烹调的分量）

◎蔬菜（根据个人喜好选择）
┌ 黄瓜、胡萝卜、西芹、彩椒、
└ 水萝卜等 …… 各适量

◎酱汁（容易烹调的分量）
┌ 大蒜（去皮）………… 5g
│ 鳀鱼里脊肉…………… 20g
│ 白葡萄酒醋 …… 2大勺
└ 特级初榨橄榄油…… 100mL

做法

1 将酱汁材料用料理机或搅拌机打成泥状。

2 蔬菜直接生食，切成适当大小。

3 蔬菜蘸取适量酱汁食用。

材料（2人份）

整块牛肉（牛里脊肉或牛脊肉）
················· 260g
盐················· 2g
黑胡椒··················适量
特级初榨橄榄油········ 1/2大勺

◘装盘用

粗盐、黑胡椒（粗研磨）、特
级初榨橄榄油········各适量
绿叶蔬菜、小番茄、意大利香
芹··················各适量

牛肉需提前30分钟～1小时从冰箱中取出，重新放在室温下。如果从冰箱中拿出后便直接烤，由于表面和内部温差太大，很难烤好。

用少许油煎至外表焦香，
内里绝对要半生！

意大利牛排

Tagliata di manzo

　　佛罗伦斯有一道名菜叫T骨牛排，它是由牛里脊肉、T骨、脊肉构成的大块牛排。今天介绍的意大利牛排就是其副产物。牛腰部位的脊肉和里脊肉分布不均匀，去骨后只选用里脊肉部分做成小块牛排，然后再分切成小片。就这样，于20世纪80年代诞生了这款全新的料理。

　　因此，烹调意大利牛排的**原则就是选用较厚的牛肉烤至外焦里嫩后，再分切成小片**。以前只选用肩胛骨下面的里脊肉制作，现在里脊肉和脊肉均可使用。如果不喜欢吃太生的牛肉，也可以将切成小块的牛肉平铺到盘内，再放入烤箱内稍微烤一下。但是，**不能完全烤熟**，因为烤到熟透，就不是真正的意大利牛排了。

1 敲打牛肉。

将牛肉放在案板上，用松肉锤敲打。单面需敲打12次左右。

敲打可以让牛肉纤维变软。整块肉需充分敲打。

2 将肉整理成原来的厚度。

敲打后，用手掌将侧面的肉往中心推，整理成原来的厚度。

不断敲打，牛肉会变薄，这样就很难烤成半生状态了。因此，需要整理成原本的大小和厚度。

3 撒上调料、抹上油。

肉的两面需撒上盐、黑胡椒，抹上特级初榨橄榄油。放置10分钟，让香味和盐味进一步融合。

本来是一道用火烤的料理，与"意式烤蔬菜（➡p84）"相同，肉上只需抹一层薄薄的油即可。一定不要用太多油。

4 放入滚烫的平底锅内。

开大火加热平底锅，将牛排放入热锅中，用中火煎。

平底锅需加热到放入牛排后会有呲的一声，不要任意翻动牛排。

5 两面煎至焦香。

牛排一面煎至充分上色后，翻面，按照同样方法也煎至焦黄色。

6 煎一下侧面。

用夹子夹起牛排，将肉的侧面贴到锅底上煎硬，四周都要煎一遍。

7 斜切成片。

将肉放在案板上，用刀斜切成宽1.5cm的小片。

半生才是这道料理的精髓，因此，煎好的牛肉要立即切成小块。刀稍微往右倾斜着切，这样可以把肉筋都切断，软嫩易嚼。

8 装盘。

切好的牛肉盛到盘内，撒上粗盐和黑胡椒，再淋上特级初榨橄榄油。还可以搭配上适量蔬菜。

装盘用的黑胡椒一定要粗研磨。细研磨的黑胡椒会影响牛肉焦香的口感。

主厨之声

也可以将牛排煎好后放在一旁，往煎过牛肉的平底锅内加入白葡萄酒和特级初榨橄榄油，煮沸后就成了酱汁。利用残留在平底锅内的肉香和鲜味做成的简单酱汁，淋到牛排上。还可以搭配上芝麻菜、切薄片的帕尔玛奶酪、意大利香醋等，也非常美味。

材料（2人份）

鸡大腿或鸡翅根（带骨切大块）
.... 6个

盐..适量

黑胡椒....................................适量

大蒜（剥皮）........................ 1g

迷迭香叶............................ 1小勺

白葡萄酒............................ 1/3杯

整番茄罐头............................ 135g

开水.............................. 约130mL

色拉油.............................. 1大勺

欧芹（切细碎）.............. 1小撮

◎彩椒番茄酱

彩椒（红、黄，切成一口大）
.... 各1/2个（125g）

洋葱（切丝）... 1/4个（40g）

整番茄罐头.................... 135g

开水.............................. 50mL

盐.................................. 1小勺

特级初榨橄榄油........ 1大勺

准备事项

◉ 整颗番茄放入碗内用打蛋器碾碎。

罗马的传统做法是用彩椒番茄酱煮鸡肉。

罗马嫩煎鸡肉

Pollo alla romana

　　这道料理虽说叫煎鸡肉，但是煎好的鸡肉要先加入番茄酱煮，然后再加入事先做好的彩椒番茄酱继续煮。鸡肉用番茄酱煮的做法发祥于罗马。这道菜可是血统纯正的罗马料理。

　　鸡全身都适合用来烹调炖煮类的料理，**无论用哪一部位的肉，都必须带骨，如果剔骨肉会萎缩变硬，鲜味也会流失。**煮的时候，为了让每一块肉都能充分入味，最好使用宽口锅或者平底锅，把肉平铺到锅底。意大利人喜欢炖煮时间久一些，一直煮到可轻松脱骨。充分入味后，鸡肉才更美味。如果你买的肉没有骨头，那就把整块肉直接放入锅内煮，但是煮制时间需缩短，这样可以缓解肉质萎缩，吃起来才软嫩。多放一些番茄酱，煮的时间久一些，肉脱骨后就成了意大利面酱汁了。

1 制作彩椒番茄酱。

在平底锅内倒入特级初榨橄榄油，放入洋葱，开中火煸炒至洋葱丝变软。加入彩椒迅速翻炒。

洋葱的作用是增香，因此没有必要彻底炒到熟透。

2 加入番茄。

待彩椒表面稍微变软后，加入整颗番茄、开水、盐。煮沸后，转小火继续煮5分钟左右。

锅内咕嘟咕嘟冒泡后，继续煮到汤汁变黏稠即可。这个酱汁还可以做成冷菜或配菜。

3 鸡肉入底味。

在鸡肉上撒上盐和黑胡椒，用手充分揉搓按摩。

盐可以稍多一些，这样可以让鸡肉有盐烤的味道，而且鸡肉的底味也决定了整道菜的咸味。

4 切碎大蒜和迷迭香。

分别将大蒜和迷迭香粗切一下，然后再混合到一起切碎。

切法有所不同，首先分别粗切然后再混合。混合到一起，可以更省劲。大蒜和迷迭香是罗马料理不可缺少的材料。

5 煎鸡肉。

平底锅内加入色拉油，开大火加热。鸡皮朝下放置，用中火煎至轻微上色。翻面，同样煎至轻微上色。舀出2大勺锅内煸出的油。

6 用香料增香。

锅底剩点底油，加入 **4** 的大蒜和迷迭香。

注意，不要将香料撒到鸡肉上，而是要放入油里。这样可以让香味更均匀地包裹到鸡肉上。

7 用白葡萄酒火烧。

加入白葡萄酒，蒸发掉酒精。

葡萄酒中的酒精遇火自然会燃烧，这就是火烧。

8 加入番茄。

倒入整颗番茄和50mL的热水，盖上锅盖，开大火煮。沸腾后，转小火继续煮5分钟左右。

这一步骤需将鸡肉彻底煮熟，同时让白葡萄酒的香味和番茄的味道也充分渗透到鸡肉中。

9 加入彩椒番茄酱。

将 **2** 倒入锅中，盖上锅盖用小火煮15分钟左右，中间可以加2次热水稀释（分别为50mL、30mL），翻动2~3次鸡肉。关火，撒上欧芹，搅拌均匀。

煮到汤汁由深橘色变成淡橘色，且汤汁浓稠时即可。

将肉敲薄后再煎，更美味多汁。

意式煎猪排、柠檬黄油酱汁

Scaloppine al limone

这道料理原本是用小牛肉制作

意大利语中"Scaloppine"这个菜名来源于法语"escalope（薄肉片）"一词。这个词在意大利语中是"意式煎牛柳"的意思。但是考虑到在日本不容易买到牛柳，因此这里用同样比较鲜嫩的猪肉替代。这道菜如果用牛肉制作，最好选择牛腿肉；如果用猪肉制作，就选择脊肉。这款煎猪排肉质软嫩，切厚片再敲打成圆形，像极了煎牛柳。

煎肉片用的肉，用的并不是日本超市里卖的那种切得特别薄的肉片。**而是肉先切厚片，敲打成薄片后再煎**。在意大利，人们一般是不会用非常薄的肉做料理的。只有在做欧式鱼生的时候，才会把肉切成薄片。如果肉没有一定的厚度，那么一加入热水就会烤干了，这样做出来的煎猪排毫无美味可言。因此，烹调煎肉片类的料理时，一定要把肉切得稍厚一些，再敲打成薄片。

充分彻底敲打肉片

这道料理需要把猪肉敲打成厚2mm的薄片，煎制时因肉收缩，厚度会有所增加。尽管大胆地敲打肉，敲到你觉得敲过火了为止。长条的猪脊肉靠近头部的一侧和靠近臀部的一侧，肉的硬度和收缩度都不相同。靠近头部的一侧，肉的颜色较红、偏肥，更容易收缩，如果使用这部分肉烹调，务必彻底敲打。**薄肉片易熟，可短时间内完成煎制**。再用白葡萄酒、柠檬汁、开水、黄油做成酱汁。

材料（2人份）	
猪脊肉	200g
盐	适量
黑胡椒	适量
低筋面粉	适量
色拉油	1大勺
白葡萄酒	3大勺
柠檬汁	2小勺
开水	1大勺
欧芹（切细碎）	1小撮
黄油（切小丁）	20g

1 敲打猪脊肉。

将猪脊肉切成6等份的厚片。用保鲜膜包裹住，再用松肉锤敲打成薄片。

如果直接敲打稍微有些厚度的肉片，因为冲击力过大会导致纤维遭到破坏。用保鲜膜包裹，可以起到缓冲的作用，肉片可以均匀变薄。

2 抹上盐、黑胡椒和面粉。

在肉片的两面都抹上盐；黑胡椒只撒在装盘时贴在盘底的那侧。两面都裹上面粉，掸掉多余的面粉。

如果用牛柳，不需要黑胡椒。用猪肉，一定要撒上黑胡椒，这样可以去掉腥臭味。为了不让黑胡椒影响美观，可以只抹在反面。

3 开始煎猪肉。

平底锅内放入色拉油，开中火加热，待油变热后，加入猪肉。

现在正在煎的是装盘时朝上放的那一面，因此，撒有黑胡椒的一面现在朝上放置。

4 翻面继续煎。

微微上色后，翻面。用小火继续将另一面煎至上色。

因为不是煎牛排，因此不需要两面都煎得太过火。下一步加入白葡萄酒后还要继续加热，所以，这一阶段煎的时间可以稍微短一些。

5 加入白葡萄酒和柠檬汁。

加入白葡萄酒，加热至沸腾。继续加入柠檬汁，用开水稀释后，继续加热至沸腾。

需注意加入白葡萄酒时，油花会四溅。迅速沸腾后，酒精成分就会蒸发掉。

6 撒上欧芹。

待锅内还有少量汁水时，撒上欧芹，关火。将猪肉盛到盘子内。

加入欧芹可以中和柠檬汁的酸味，让口感更温和。

7 平底锅内加入黄油。

用小火加热**6**中平底锅内剩余的汁水，加入黄油后，立即关火。

8 用余温熔化黄油。

晃动平底锅，利用余温熔化黄油，并让黄油与锅内的汤汁融合。待汤汁浓度合适后，浇到**6**中煎好的猪肉上。

用余温熔化黄油，可以保留黄油醇厚的风味。如果火太大，黄油色泽浑浊，风味俱损。

主厨之声

烹饪任一款料理时，黄油切成1cm见方的小丁可以最大限度地发挥黄油本身的风味。如果把整块黄油放入锅中，中心部位还未熔化，而四周已经开始焦煳了。因此，黄油切成小块，既可以均匀快速熔化，又不会破坏风味。

意式煎猪排、意大利香醋酱汁

Scaloppine al balsamico

这道料理发祥于意大利香醋的产地摩德纳。只需用意大利香醋替代柠檬汁，其他烹调步骤完全相同。意大利香醋的味道浓郁，会掩盖牛柳鲜嫩的风味，因此一开始就是用猪肉烹调的。意大利香醋是一款颇受王室贵族喜爱的、具有悠久历史的养生饮料，大约从20世纪70年代开始才作为一种温和的调味料用在烹饪中。一般用作蔬菜沙拉或冰激凌的调味，后来逐渐应用到酱汁制作中。需加热烹调的料理，用物美价廉的意大利香醋就足够了。

材料（2人份）

猪脊肉…………………… 200g
盐、黑胡椒……………各适量
低筋面粉……………………适量
色拉油…………………… 1大勺
白葡萄酒………………… 2大勺
意大利香醋……………… 2大勺
黄油（切小丁）………… 20g

◘配菜
叶类蔬菜（按照个人喜好）
……………………………适量

做法

1 猪脊肉按照p96步骤1～4同样的方法煎制。

2 加入白葡萄酒和意大利香醋，沸腾后将猪肉盛入盘中。

3 将平底锅内残留的汤汁稍微煮一下，加入黄油，关火。利用余温熔化黄油，然后浇到2的猪肉上。

4 摆上搭配用的叶类蔬菜。

加入奶酪的面衣和猪肉相结合，
美味无与伦比。

米兰风味炸猪排

Cotoletta alla milanese

先裹上面包粉，面衣会牢牢裹住肉

"Cotoletta"是一种米兰风味的炸猪排，原本是用大块牛肉做的，用猪脊肉做味道也很棒。

同样是猪肉做的炸猪排，米兰炸猪排和日本的炸猪排无论是面衣、肉的厚度，还是炸法都大相径庭。日式炸猪排的顺序是"低筋面粉→鸡蛋→面包粉"，**米兰炸猪排的顺序是"面包粉→鸡蛋→面包粉"**。最初猪排粘的是低筋面粉还是面包粉差异还是很大的，尤其是炸熟后的面皮。直接粘面粉的猪排，面粉与猪排上的水分产生黏性，会影响贴合度，炸制的过程中面皮内侧与肉之间会分离，而且切的时候，面皮会直接脱落，外层的肉还残留着一层黏黏的面粉，非常影响口感。当然，如果只是做普通炸猪排，这些都无可厚非。但是米兰风味的炸猪排却不会这样，因为最初粘的是面包粉，最后炸好的猪排面皮也是紧紧包裹着猪肉。

用很少的油煎炸也是意式炸猪排的一大特征

米兰风味炸猪排的一大特色是面皮内加入了帕尔玛奶酪。加入奶酪后，不仅仅可以增加风味，还有助于猪排均匀上色。如果把奶酪混合到面包粉中，如果面包粉不全部用完，奶酪就会被浪费掉了，因此，最好把奶酪放入到蛋液中混合均匀。

日式油炸食品都是用大量的食用油深度炸，而米兰风味的炸猪排只是用稍微多点的油"煎炸"，因此炸好的猪排也无需滤油。起初用色拉油之类的植物油煎，**快煎好的时候加入黄油增添风味**。如果一开始就加入黄油，黄油容易焦煳，达不到增添风味的效果。

材料（2人份）

猪脊肉（包括脂肪140～150g）
.... 2块

◇蛋液

鸡蛋.. 2个
帕尔玛奶酪........................ 1.5大勺
色拉油.. 1大勺
面包粉（生）.........适量（约80g）
盐.. 适量
黑胡椒...................................... 适量
炸猪排的油（色拉油）........3大勺
黄油（切小丁）.................... 15g
柠檬（切成扇形）、欧芹... 各适量

有的超市也会把猪脊肉冠以"猪排专用肉"的名号销售，总之都是筋特别少的瘦肉。肩胛肉筋较多，一煎肉就会收缩，外形缺乏美观，不适合做炸猪排。生面包粉可以用料理机打磨细腻后再用。

1 去除猪脊肉上的肥肉。

去掉猪脊肉（图右）上的肥肉，只留瘦肉部分（图左，每片120～130g）。肉上的筋和肥肉都要剔除干净，可以用刀尖削掉筋。

右图是剔除肥肉前，左图是剔除肥肉后。

2 制作蛋液。

鸡蛋搅打均匀后，加入帕尔玛奶酪和色拉油，充分搅拌均匀后，倒入平盘中。

蛋液中加入色拉油可以增加浓稠度。有助于粘上面包粉，也可以让口感更柔和。

3 猪肉粘上面包粉。

将猪肉两面第一次粘上面包粉。

4 敲打猪肉。

用松肉锤敲打**3**，每面敲打3～4次。通过敲打猪排两面，让猪排变得平整。

敲打后的猪肉纤维更柔软、更均匀。粘上面包粉后再敲打，可以让面包粉与猪肉黏合得更紧实。

5 敲打完后入底味。

如图所示，当猪排厚度均匀，且生面包粉均匀包裹在外层时，敲打完成。两面撒上盐、黑胡椒，用手掌轻轻按压。

6 粘上蛋液。

将**5**的猪排两面粘满**2**的蛋液。

因为猪排上包裹着一层生面包粉，因此蛋液不会掉落，可以均匀牢固地粘在猪排上。

7 再次裹上生面包粉。

将**6**放在生面包粉上，两面都裹上大量面包粉。

8 用手掌按压。

用手掌轻轻按压，让面包粉牢牢粘在猪排上。

生面包粉很柔软，可以用手掌轻轻按压。蛋液中加入的色拉油有助于粘牢面包粉。

9 整形。

放到案板上，用刀背轻轻敲打猪排。整形时，从四周往中间推。

这一步骤不仅是整形，还有助于面包粉粘到猪排上，同时也可掸去多余的面包粉。

10 画出格子。

装盘时朝上的那一面朝上放置，刀刃朝上，用刀背在该面上画出格子状的花纹。

格子可以起到装饰的作用，还可以让面衣进一步黏合。

11 开始煎猪排。

平底锅内放入炸制用油，开中火加热。放入猪排，将有格子的一面朝下，用中小火煎。

如果频繁翻动，面包粉会掉落，偶尔晃动一下即可。如果火太大，面包粉会烧焦，一定要注意火候。

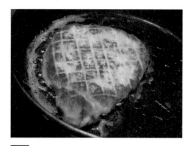

12 翻面。

将猪排翻面，继续煎另一面。

请煎至如图所示的金黄色。

13 加入黄油。

待猪排基本煎熟的时候，加入黄油，增添风味。待黄油丁熔化后，翻面，让另一面也裹上黄油的味道。

一定要注意火候，不要把黄油烧焦了，充分发挥黄油温和的香味。

14 装盘。

再翻一次面，可以直接装盘。再搭配上柠檬和欧芹。

用嫩牛肉制作时，为了保留牛肉原本的香味，有的人不喜欢加柠檬。但是如果用猪肉制做，柠檬必不可少。

主厨之声

在意大利，剩余的硬面包都打磨成面包粉用于制作各种料理。而日本的面包粉很粗糙，使用前可以用料理机或搅拌机打磨得更细腻一些。这样口感更好，做出来的料理也更接近正宗的意大利料理。生面包粉湿气较重，打磨时料理机的刀刃会不容易转动，可以一点一点地打磨。

此外，大家知道如何正确使用干面包粉（右上图）和生面包粉（右下图）吗？如果食材是生的、煎炸比较花费时间，最好使用生面包粉。相反，如果食材已经提前处理过了或者煎炸时间较短，就选择使用干面包粉。因此，炸肉饼（夹汉堡用的肉饼）就用生面包粉，炸蔬菜丸子就用干面包粉。同样，米兰风味炸猪排因为需要长时间煎炸，因此使用的也是生面包粉。"香炸鱼排（➡P102）"因为煎炸时间较短，使用的是干面包粉。

材料（2人份）

旗鱼（切块）…… 2块（100g）

◎蛋液

鸡蛋………………………… 1个

帕尔玛奶酪…………… 1大勺

特级初榨橄榄油…… 1/2小勺

面包粉（干）…………… 适量

盐…………………………… 适量

黑胡椒……………………… 适量

炸鱼排的油（纯橄榄油）

………………………… 2大勺

◎腌小番茄

小番茄（大个）………… 8个

特级初榨橄榄油……… 2大勺

柠檬汁…………………… 2小勺

盐……………………………… 1g

黑胡椒…………………… 适量

芝麻菜……………………… 8片

面包粉需用料理机等打磨成细粉。

可以切成厚片，也可以做成炸鱼排。

香炸鱼排

Cotoletta di pesce spada

　　意大利料理中经常将大型鱼按照与猪肉相同的方法烹调。其中用金枪鱼或旗鱼做炸鱼排就是其中之一。金枪鱼不容易熟透，而且肉还很容易干巴巴的。而**旗鱼可以长时间保持水润，且烹调简单，鲜香味美。**

　　与米兰风味炸猪排（➡P98）相同，用加入帕尔玛奶酪的蛋液和面包粉做成面衣，因为鱼肉湿气较大，可以很好地粘满蛋液，因此可以直接粘蛋液。面包粉选用可以更快熟透的干面包粉。制作的关键步骤是，将鱼肉多在蛋液中浸泡几分钟，可以让蛋液更好地包裹在鱼肉上。也有助于粘满面包粉，可以有效抑制鱼肉的腥味。装盘用的腌小番茄是我个人的独创，番茄的鲜嫩和酸甜可以为鱼排增添清爽的口感。

1 制作蛋液。

鸡蛋搅打均匀后，加入帕尔玛奶酪搅拌均匀。然后再加入特级初榨橄榄油，充分搅拌均匀后，倒入平盘中。

2 鱼排入底味、浸泡蛋液。

在鱼排两面撒上盐、黑胡椒。将鱼排放入 **1** 中，两面都包裹上蛋液，浸泡在蛋液中2~3分钟。

浸泡在蛋液中，可以让鱼肉更嫩滑，还可以消除鱼腥味，也有助于粘面包粉。

3 粘上干面包粉。

面包粉放入另一个平盘内，将 **2** 中浸泡过的鱼排放入。两面粘满面包粉，用手掌轻轻按压。

如果面包粉粘得薄厚不均，可以用手掌轻轻按压，让面包粉粘得更均匀。

4 整形。

将鱼排放到案板上。用刀背轻轻敲打，掸掉多余的面包粉。整形时，从四周往中间推。

5 画出格子花纹。

刀刃朝上，在装盘时朝上的那一面上，用刀背画出格子状的花纹。

花纹可以自由发挥，我的餐厅有时候会画出树叶花纹。

6 制作腌小番茄。

将番茄纵向切成4等份，加入盐、黑胡椒、特级初榨橄榄油、柠檬汁。

小番茄选用较大的，甜味更浓厚，与柠檬汁的酸味相中和，非常适合这道菜。

7 搅拌出汁。

将 **6** 充分搅拌5分钟左右。芝麻菜切成宽1cm的小片。

可以在煎鱼前腌好小番茄，这样在煎鱼排的过程中，小番茄腌出的汁水与调味料融合后，更美味。

8 开始煎鱼排。

平底锅内放入煎鱼排用的油，开中火加热。放入鱼排，将有格子的一面朝下，用小火煎。

煎制时间短于米兰风味炸猪排（➡P98），煎到面衣香脆，呈金黄色即可。

9 翻面煎、装盘。

煎至金黄后，翻面，将另一面也煎至金黄。装盘。在鱼排上淋上 **7**，放上芝麻菜。

因为用油量本来就少，所以煎好后没必要沥油。

材料（2人份）

虾	4只
长枪乌贼肉（中等大小）	2只
南瓜（切薄片）	4片
舞菇	30g
茄子	1根
西葫芦（靠近蒂的部分）	5cm长
盐	适量
牛奶	适量
低筋面粉	适量
鸡蛋液	1个份
面包粉（干）	适量
炸制用油（色拉油）	适量

面包粉提前用料理机或搅拌机打磨细腻。西葫芦如果要用膨胀的部位，需准备5cm长的两段，因为需要去瓤，果肉差不多要消耗掉一半。食材还可以选择胡萝卜、彩椒、洋蓟、花椰菜、白肉鱼段等。切薄片的肉和内脏也非常适合油炸。

用四种不同面衣玩转意大利美食"Fritto"。

油炸蔬菜、海鲜

Fritto misto

　　"Fritto"在意大利语中是"油炸食品"的总称，因包裹的面衣不同，共分为素炸、只裹低筋面粉、裹低筋面粉+蛋液、裹低筋面粉+蛋液+面包粉4种。以前油炸食物时遵循"海味用低筋面粉、山珍用面包粉"的原则，现在这一原则早已被打破，非常流行只使用低筋面粉。日本倾向于使用低筋粉，而意大利更倾向于使用用来制作意大利面的粗面粉。粗面粉颗粒较大，可以均匀粘到食材上，尤其适合像乌贼、虾这种水汽较大的食材，炸好后香酥美味。

　　在意大利，炸制用油一般会选择葵花籽油等香味偏弱的食用油。而**像橄榄油这种香味强烈的油就不适合炸食物**。大家可以选用味道比较清淡的色拉油。

【切蔬菜、海鲜】

1 南瓜切成1cm厚的薄片。去掉籽、瓤等容易焦煳的部位。

2 保留虾尾，剥去虾壳，挑出背部的虾线。

3 乌贼剥去外皮，切成1cm宽的圆环状，用厨房纸巾充分吸干水分。

4 舞菇手撕成小块。

5 茄子去蒂，如图去皮（ a ），斜切成厚1cm的小块。如果不去皮，面衣无法包裹住茄子。

6 西葫芦切成宽5mm的长条。如果使用膨胀的部位，需要去除中心的瓤，只把周边坚硬的部分切成长条（ b ）。蔬菜和海鲜准备完成（ c ）。

【包裹面衣】

1 素炸——生南瓜

素炸适合像南瓜这种炸后形状仍旧保持完整的食材。而像茄子、西葫芦这种容易变形的食材就不适合素炸。

2 裹低筋面粉——乌贼、虾、西葫芦

乌贼和虾裹上一层薄薄的低筋面粉再炸。如果使用的是低筋面粉，需要将食材放在筛子上筛掉多余的面粉。如果使用的是粗面粉，则无需过筛。乌贼圆环内也需要均匀裹上面粉。西葫芦放到牛奶内浸泡几分钟后取出，擦干水分，再粘上面粉。浸泡牛奶可以让食材在油炸时更易上色，还可以去掉蔬菜的涩味。

3 裹低筋面粉+蛋液——舞菇

粘上一层薄薄的面粉后，再粘满蛋液。

4 裹低筋面粉+蛋液+面包粉——茄子

在茄子两面抹上盐，放置5~10分钟，腌出水分和涩味。用厨房纸巾吸干水分，然后依次粘上低筋面粉、蛋液、面包粉。

【油炸】

按照"低温长时间炸→高温快速炸"的顺序炸制。低筋面粉面衣容易脱落，会弄脏油，因此裹低筋面粉的食材最后再炸。这次食材的炸制顺序是"南瓜→茄子→舞菇→虾→乌贼→西葫芦"。

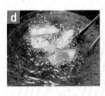

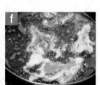

1 在平底锅内倒入炸制用油，用小火加热，油温稍微变热后加入南瓜。中间改中火加热，待油锅冒泡后，保持火候（ d ）。中途翻面，待整体都变色后，从油中捞出，放在金属网上沥油。

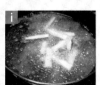

2 其他食材需稍微提高油温后，按照相同方法炸制。依次炸茄子（ e ）、舞菇（ f ）、虾（ g ）、乌贼（ h ）、西葫芦（ i ）。

3 从油里捞出，每炸好一种食材都需趁热撒上盐（ j ）。

清淡的调味和原始的肉香
是这道料理的精髓。

蔬菜杂烩肉

Bollito misto

不是普通的大杂烩，而是一款煮肉料理

　　这道料理的名字其实就是"煮肉拼盘"。虽然加了蔬菜，但是只是为了增添风味而已。煮好的肉才是这道菜的主角。因为这道料理不是汤类也不是炖菜，因此装盘时不需要汤汁。基本宗旨是**选用不同的肉以及不同部位的肉，把肉煮到软嫩可口**。

　　意大利的主要肉类是牛肉，根据部位不同还分肩膀肉、排骨、小腿肉、大腿肉、牛尾、牛舌、牛头肉等。经常食用的是鲜嫩的小牛肉。牛肉、猪里脊肉、鸡腿肉煮熟后再搭配上香肠，味道就足够鲜美了。

　　将可以增添风味的洋葱、西芹、胡萝卜切大块与肉一起煮，芹菜和胡萝卜煮熟后取出当作配菜。这次我还加入了西葫芦和土豆，这两种蔬菜不属于香味蔬菜，和肉一起煮很难掌握时间，因此要与肉分开煮。

汤汁需煮沸后再加到肉里

　　如果蔬菜和肉一开始就放在凉水中煮，鲜味会全都溶解到水中，水变成一款美味的靓汤，而肉却寡淡无味。蔬菜杂烩肉可是一款专门吃肉的料理，味道寡淡可不行。**必须将水煮沸后再将肉放进去煮**，这一点非常重要。之后只需静静煮就可以了，就算是同样的肉、同样的部位，因为脂肪含量不同煮熟的时间也不相同，因此无法精确每种肉煮好的时间。我们专业的厨师用手指按压一下，通过肉的弹性就可以判断是否煮好。如果你不习惯用手，那就用竹扦插一下，如果有透明的汁水流出，就代表煮好了。但是，不要插太多次。需要**注意不要煮过火煮到肉散了**。

材料（2~3人份）	
牛肉块（大腿肉、小腿肉、肩胛肉等）……………	300g
猪肩胛肉块…………………	270g
鸡腿肉（带骨）……	1只（340g）
香肠…………………	2~3根
西葫芦…………………	2/3根
土豆（带皮、大个）…………	1个
洋葱（小个）…………	1/2个
胡萝卜（小个）…………	1根
西芹……………………	1根
月桂叶…………………	1~2片
丁香……………………	5根
黑胡椒粒………………	8粒
盐………………………	适量
水………………………	约3L
意大利香芹……………	适量
粗盐、黑胡椒（粗研磨）、特级初榨橄榄油…………………	各适量

丁香也可以选用丁香粉。丁香特有的甜香味是做蔬菜杂烩肉不可缺少的调味料。

1 切香味蔬菜。

洋葱去皮后，插上丁香。胡萝卜切掉两端。将西芹带叶子的细枝叶、粗茎分开。

丁香插到洋葱上，就不会影响撇浮沫。

2 开始煮香味蔬菜和肉。

在大锅内加入水，用大火煮沸。加入洋葱、胡萝卜、香芹、月桂叶、黑胡椒粒、3种肉。

水需完全覆盖住食材，如果水不够，一定要添足。加入胡萝卜切掉的两端和西芹的细枝叶。

3 沸腾后撇掉浮沫。

再次沸腾后，撇干净汤汁上的浮沫。

撇干净所有的浮沫。之后还会有浮沫产生，都需要撇干净。

4 加入盐。

加入1/2小勺的盐，保持锅内轻微冒泡的火候继续煮。

随着水分减少，最上面的食材会露出水面，为了避免食材变干，需要不断翻动食材。

5 取出西芹和胡萝卜。

加盐煮4分钟后，将煮软的西芹取出，放到平盘中。胡萝卜继续煮5~10分钟，煮软后取出。

洋葱、胡萝卜切掉的两端、较细的西芹枝当作煮高汤的原料留在汤中。

6 取出肉。

从步骤**4**加入盐后，鸡肉煮30分钟，猪肉煮约1小时，牛肉如果是大腿肉煮1小时多、如果是小腿肉或肩胛肉需煮2小时。然后依次取出鸡肉、猪肉、牛肉。

锅内的汤汁会不断蒸发，取出猪肉和牛肉时，汤汁差不多已剩下1/2~1/3。

7 过滤汤汁。

在笊篱内铺上厨房用纸，过滤汤汁。剩下的蔬菜（洋葱、切掉的胡萝卜两端、较细的西芹枝）不能食用。

8 过滤后的汤汁。

过滤后的汤汁可在步骤**11**加热肉和蔬菜时使用。多余的汤汁可以当汤饮用。

当汤饮用时，如果盐味不足，就加点盐；如果太浓了，就加点开水稀释一下。汤汁也可当高汤使用，用作烹调其他食物。

9 煮香肠。

将香肠放入小锅内，加凉水，开大火。水沸腾后，香肠变热时取出。

如果直接把香肠放到开水中，肠衣会爆裂，因此需放凉水中煮。煮到香肠变热后即可取出。

10 煮西葫芦和土豆。

将西葫芦去掉两端。锅内热水煮沸，加入盐（水的0.5%），将西葫芦煮软。土豆也放到盐水（盐水浓度0.5%）中煮熟，去皮。

这两种蔬菜不属于香味蔬菜，因此可以与肉分开煮。

11 加热肉和蔬菜。

将 **5**、**6**、**10** 的肉和蔬菜切成1cm厚的片。连同 **9** 的香肠一并摆放到平底锅或大平锅内，加入200mL步骤 **8** 的汤汁。盖上锅盖，开大火加热，沸腾后转中火煮一小会儿。然后将肉和蔬菜盛到盘内，装饰上西芹，最后根据个人喜好撒上粗盐等调味料。

搭配蔬菜杂烩肉的3种基础酱料

如果喜欢吃清淡口味的，只需加入粗盐、粗研磨的黑胡椒、特级初榨橄榄油即可。还可以根据个人喜好搭配以下三款酱料食用。

萨尔萨辣酱
salsa verde

 萨尔萨辣酱又称"绿酱"，在意大利不同地域其做法也不相同，但基本材料都包括欧芹、大蒜、醋、油。下面这个食谱适用性更广泛，除了可以搭配蔬菜杂烩肉，还可以搭配煮好的土豆和章鱼。再加上蛋黄酱和煮鸡蛋搅拌均匀后很像蛋黄沙司，适合搭配炸鱼。

材料（容易烹调的分量）

欧芹叶	3枝
大蒜（去皮）	5g
鳀鱼片	10g
醋泡刺山柑	15g
酸菜	1根
面包粉（干）	1大勺
白葡萄酒醋	1.5大勺
特级初榨橄榄油	200mL

做法

将全部材料放入料理机中搅拌。

红洋葱酱
salsa rossa

 这是一种很像番茄酱，味道酸甜微辣的红色酱。将材料煮好后，放到料理机中打磨成粗泥。为了避免红色褪色，材料煮好需冷却后再搅打成泥。加入蛋黄酱后还适合当沙拉酱用。

材料（容易烹调的分量）

洋葱、胡萝卜（粗切）	各15g
彩椒（红色，粗切）	15g
整番茄罐头	150g
大蒜（去皮后）	2g
干红辣椒	1/2根
特级初榨橄榄油	1大勺
白葡萄酒醋	1小勺
细砂糖	1/2大勺
盐	适量

做法

1 用特级初榨橄榄油煸炒大蒜和红辣椒，稍微变色后挑出，然后加入洋葱、胡萝卜、彩椒，翻炒。

2 待翻炒均匀后，加入整颗番茄，用打蛋器捣碎。加入白葡萄酒醋、细砂糖，煮10分钟，然后加盐调味，关火。

3 将 **2** 冷却后，放入料理机中打磨成泥。

蜂蜜芥末酱
salsa di api

 在意大利这款酱的名字叫"蜂蜜酱"。蜂蜜的甜，加上核桃的香、法国黄芥末的辣组成了一款美味的酱。法国黄芥末可以用日式青芥末替代，可以稍微加上1小勺白葡萄酒将青芥末溶解一下。这样可以中和芥末的辛辣，更受日本人欢迎。

材料（容易烹调的分量）

蜂蜜	80g
核桃（带薄皮）	15g
法国黄芥末	1/2大勺
煮蔬菜杂烩肉的汤	1大勺

做法

1 煮开水，将核桃放入水中煮2~3分钟。用笊篱捞出后，放凉。用牙签等工具去除核桃仁上的皮（如果不去皮，会影响酱的色泽和口感）。

2 将 **1**、法国黄芥末、煮蔬菜杂烩肉的汤放入料理机中，再分多次一点点加入蜂蜜，搅拌均匀。搅拌至浓稠后，倒入容器中。蜂蜜可有剩余。

3 将 **2** 剩余的蜂蜜加入酱中，搅拌均匀。稍微有些核桃仁的粗粒感更佳。

用酸甜浓郁的煮番茄做底味，
加入炒好的蔬菜，稍煮一下即可。

圆茄炖菜

Caponata di melanzane

为了减少油腻感，需提前去掉茄子内的水分

经常有人问我：意大利炖菜和法式炖菜有什么区别呢？用茄子、西葫芦、彩椒、番茄等夏季时令蔬菜烹调而成的炖菜在做法上都相同，唯有调味上不同。意大利炖菜**使用砂糖、醋调出酸甜的味道**。在日本，经常还会加入黑橄榄。这次介绍的料理主角是茄子，绿橄榄是配角。加入绿橄榄的做法历史更悠久。

这道料理是夏季开胃菜，因为是一款"用油泡过后可保存食用"的料理，装盘后周围会有油渗出。虽说如此，但是也不要做得太油腻了。而且茄子特别吸油，需要想办法让茄子少吸点油。因此，**茄子需提前撒上盐，腌出多余的水分**。通过这种方法处理过的茄子，可以用少量的油炒熟，而且不至于过于油腻。如果用的是意大利茄子，需撒上盐腌30分钟；如果用的是日本茄子，腌5分钟即可。如果还要加入西葫芦和彩椒，需要按照同样的方法用盐腌出多余的水分。

用浓缩的煮番茄给炖菜调味

这次的菜谱中使用了洋葱和西芹，这两种蔬菜都是增添风味的食材，用料要少，要切小一点。主要食材是茄子，**要切得比平时稍大一些**。因为茄子杀出水分后一炒会缩小一圈。

圆茄炖菜的基本烹调步骤就是先把味道酸甜浓稠的煮番茄做好，再另炒蔬菜，最后将二者混合后稍微煮一下就可以了。最初这道料理用的是番茄酱，因此这道菜要做出浓缩番茄的感觉，这一点也是法式炖菜没有的。放置一天再食用，味道充分融合后，口感更佳。

材料（2人份）	
茄子	3根（225g）
盐（腌茄子用）	4g
洋葱	40g
西芹	25g
松子	25g
醋泡刺山柑	10g
绿橄榄（盐水腌，也可用黑橄榄）	
	8个
葡萄干	15g
整番茄罐头	200g
白葡萄酒醋	1大勺
细砂糖	1.5～2小勺
纯橄榄油	2大勺
色拉油	1大勺
盐、黑胡椒	各适量
西芹（切细碎）	1小撮

主厨之声

"圆茄炖菜"是西西里岛西部巴勒莫一带的料理。而加入了西葫芦、彩椒的"蔬菜炖菜"则是西西里岛东部的料理。意大利料理中加入砂糖调味的也只有西西里岛一带的料理。

1 泡软葡萄干。

将葡萄干完全浸泡在温水（分量外）中10分钟，泡软。

浸泡10分钟后沥干水分备用。

2 茄子切丁、撒盐。

将茄子纵向切成4等份，再切成2~2.5cm见方的小丁。撒上相应分量的盐，迅速搅拌，放置5分钟左右。洋葱切细丝，西芹切成7~8mm见方的小丁，绿橄榄切厚圆圈。整颗番茄放入碗内，用打蛋器捣碎。

3 煸炒洋葱。

平底锅（或普通炒锅）内放入纯橄榄油和洋葱，开小火。慢慢煸炒至洋葱丝变软。

炒软后的洋葱会变得爽口、甘甜。炒到洋葱丝变透明即可，不要炒到上色。

4 翻炒松子和绿橄榄。

往**3**内加入松子，用中小火翻炒1分钟左右，炒出香味。加入醋泡刺山柑和**2**中切好的绿橄榄，翻炒30秒左右，再加入**1**中泡软的葡萄干，翻炒30秒左右。

5 加入番茄和调料煮。

加入**2**中捣碎的番茄，开大火煮沸。持续沸腾1分钟后，加入白葡萄酒醋和细砂糖，搅拌均匀。继续煮1分钟左右后关火。

细砂糖可根据个人喜好酌量增减。甜味稍浓一些味道更鲜美。

6 吸干茄子的水分。

步骤**2**的茄子有水分渗出，用厨房纸巾包裹茄子，吸干多余的水分。

不是擦干水分，是用厨房纸巾每次包裹少量茄子，稍微用力拧干水分。

7 煸炒西芹和茄子。

另起一锅，倒入色拉油和西芹，开中火煸炒。待色拉油均匀包裹到西芹上后，加入茄子翻炒。

炒至茄子上色、熟透为止。因为茄子已经腌出多余的水分，不会吸太多的油。

8 将茄子倒入番茄酱内煮。

将**7**倒入**5**内，迅速搅拌均匀后，开火煮1分钟左右。然后撒上黑胡椒、盐、欧芹，搅拌均匀。

番茄酱已经煮好收汁了，茄子也已经炒熟了，因此无需长时间煮，只需将二者混合均匀，味道融合即可。

主厨之声

如果只使用茄子、西葫芦、彩椒三种蔬菜烹调，用量减至一半（比例是2：1：1）即可。三者均需撒上盐腌出多余的水分。茄子与其他两种蔬菜炒熟的时间不一致，需分开炒。到步骤**8**时将三种蔬菜一并加入到番茄酱内。如果想让蔬菜口味更甘甜，油炸一下效果更好。

第四章

餐后茶点时光
甜点

吃完美味的意大利大菜后，

当然还需要一份甜点做收尾！

一杯咖啡配上一块甜点，

立刻让胃更加满足。

本章将向大家介绍4款在日本最有人气的甜点。

多款甜点都可保存多日，一定要试着做一下哦。

奶酪和鸡蛋无需加热的冷点。
咖啡的苦味实乃点睛之笔。

提拉米苏

Tiramisù

完美配方就是用全蛋制作、且蛋黄稍多

在日本，大家都很熟知的提拉米苏是一种以加入马斯卡彭奶酪的醇厚奶油为主料的甜点。制作奶油的基本原料只有奶酪、鸡蛋、砂糖，但是具体配方却千差万别。有人会使用全蛋、有人只用蛋黄、有人是将蛋黄打发后再加入马萨拉葡萄酒、有人会使用搅打奶油。配方不同，做出来的成品味道和口感也是多种多样，具体孰好孰坏并没有定论。本次介绍的提拉米苏完美配方是使用蛋黄稍多的全蛋制作的。

充分打发鸡蛋和奶酪

制作提拉米苏，**需要30分钟不停打发各种原料**。打发蛋白、打发蛋黄，再加入奶酪打发，因此必须使用电动打蛋器。关键点是蛋白需**打至十分发**，蛋黄和奶酪需打成像黄油奶油那样产生黏性。这样才能制作出口感轻盈、味道醇厚的奶酪奶油。

其中，手指饼干和咖啡也是重要的点睛原料。**普通咖啡浓度不够，可以使用类似意大利浓缩咖啡这种级别的浓苦的咖啡**。手指饼干吸满咖啡，再与奶酪奶油依次分层放在容器内。咖啡里加入一小勺白兰地或咖啡利口酒，风味更胜一筹。

制作提拉米苏的鸡蛋不需要加热，因此一定要选用新鲜的鸡蛋。提拉米苏可冷冻保存一星期，食用时提前3～4小时转到冷藏内，待蛋糕变软后再食用。

材料（容易操作的分量，约6人份）

◎马斯卡彭奶油

马斯卡彭奶酪	250g
细砂糖	50g
蛋黄	2个
蛋白	1个

手指饼干（宽3cm）………… 12根

咖啡（比通常浓2倍，冷咖啡）

……………………………… 200mL

可可粉…………………………… 适量

马斯卡彭奶酪是用鲜奶油制作而成的味道浓厚的奶油奶酪。本次使用的奶酪一包250g，可一次性用完。

本次使用的手指饼干是一种单面撒了砂糖的宽手指饼干。如果使用宽2cm的细手指饼干，需准备16根。也可以用海绵蛋糕替代，将海绵蛋糕分切成厚1.5cm的薄片，蛋糕尺寸与容器大小相吻合即可，不需要分切成小块。如果切小块，蛋糕会吸满水分变得黏黏的。可以用烤箱把蛋糕稍微烤干一些，口感更好。

需特别准备的工具

容器：尺寸为长20cm×宽10cm×深7cm（容量1.4L）。

碗：选用口径小、容量深的碗，电动打蛋器不需要大幅度晃动即可轻松打发奶油。

1 制作蛋白霜。

用电动打蛋器打发蛋白。蛋白打出纹路后，加入半份的细砂糖，继续打至十分打发。

提起电动打蛋器，蛋白不容易粘到打蛋器上就是十分打发。这时光泽感也出来了。

2 打发蛋黄和砂糖。

另一只碗内放入蛋黄和细砂糖，用电动打蛋器打发。

因为 **1** 和 **2** 需要混合到一起，因此，可以直接使用粘着蛋白的电动打蛋器搅打。

3 混合成奶油状。

充分搅拌成米黄色的柔软奶油状。

打发后，体积增加。不断搅打成有纹路的奶油状，搅拌至可看见碗底即可。

4 加入马斯卡彭奶酪。

往 **3** 内加入马斯卡彭奶酪，继续搅打。

5 搅打成黄油奶油状。

持续搅打至浓稠的黄油奶油状。

刚开始搅拌时是柔软的奶油状，一直搅打到像搅打黄油那样浓稠，还有少许硬度。

6 加入 1/3 量的蛋白霜。

往 **5** 内加入1/3量步骤 **1** 中的蛋白霜，用硅胶铲充分搅拌均匀。

换成硅胶铲。打发的蛋黄与蛋白霜需充分搅拌均匀，这一步骤充分搅拌消泡也没关系。

7 加入剩余的蛋白霜。

加入剩余的蛋白霜，用硅胶铲迅速切拌。

这一步骤要保证蛋白霜不消泡。轻轻搅拌让蛋黄与蛋白混合均匀。

8 涂抹到容器内。

在容器底部涂上少量的 **7** 中制作的奶油。

为了食用的时候更容易取出，可在容器底部抹上少量奶油。

9 浸泡手指饼干。

手指饼干两面吸满咖啡。

如果使用的是粗手指饼干，每面在咖啡内浸泡3秒钟，如果使用的是细手指饼干，就浸泡1秒钟。如果浸泡过度，表面会变得黏黏的，所以动作一定要快。咖啡要用冷咖啡。

10 挤干多余的咖啡。

纵向拿住手指饼干，用手指轻轻按压，挤干多余的咖啡。

> 如果手指饼干吸入过多的咖啡，会变得黏黏的。因为随后还要吸收奶油的水分，所以手指饼干可以稍微干一些。

11 饼干与奶油分层摆放。

将**10**的手指饼干摆放在容器底部。每浸泡一根饼干就立即摆放到容器内，一层摆放一半的饼干。然后覆盖上一半的步骤**7**的奶油。

> 因为饼干和奶油需要摆放两层，所以每层只需半份的量。

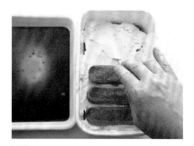

12 摆放第二层。

将剩下的半份手指饼干按照步骤**9**、**10**吸满咖啡后，再摆放到奶油上。

13 覆盖奶油。

将剩下的奶油全部覆盖在饼干上面，表面需刮平。

14 放入冰箱内冷却。

裹上保鲜膜，盖上盖子，放入冰箱内冷藏2~3个小时。

> 也可以放在冷冻室内冷冻3小时，形状固定后，再转到冷藏室内。这样可花更短的时间让蛋糕成型。

15 盛到容器内。

按人头数切成小块，盛到容器内。

> 用刀划出切口，再用大勺子挖出来。不需要切得四四方方，形状稍微有些随意，更像提拉米苏。

16 撒上可可粉。

用茶漏筛上可可粉。

> 食用前再筛上可可粉。如果直接撒在定型的容器内，可可粉会因吸满水分变得黏黏的。

主厨之声

手指饼干如果不吸满咖啡，味道会稍有欠缺。但是，如果咖啡吸得太足，又会有棕色液体渗入到奶油中影响美观，而且饼干会变得黏黏的，导致口感减半。如图所示，四周吸满了咖啡，中间还是干的为最佳状态。细手指饼干

因吸水太快，特别容易断。可以将少量咖啡倒入盘内，再摆放上手指饼干，然后再淋上咖啡，这样就不容易断了。

咖啡格兰尼它冰糕

柠檬格兰尼它冰糕

可以大餐后清口或炎炎夏日的冷点。
沙沙的口感、瞬间融化的冰爽。

柠檬格兰尼它冰糕
咖啡格兰尼它冰糕

Granita al limone

Granita al caffè

格兰尼它冰糕就是粗粒冰点心

格兰尼它冰糕是一种诞生于意大利南部西西里岛的冰点心。用水果或咖啡等调味的果子露冷冻成粗冰粒状，看上去沙沙的。但是舌尖触碰后，起初沙沙的，一瞬间便熔化了。**这种爽快感正是格兰尼它的美妙之处。**

同样都是冰类点心，果子露冰激凌是用糖度较高的果子露经过充分搅拌成黏稠爽滑的状态，而格兰尼它冰糕是用糖度较低的果子露做成有颗粒感的冰沙，二者有着根本的差异。意大利语中"Granita"的语源就是"颗粒"，因此一定要有冰粒。最重要的就是**果子露"不能过度收汁，也不能过度混合"。**

不要做成像果子露冰激凌那样顺滑

果子露煮制时间以这次推荐的分量来说，只需要煮5分钟，火候要用超小火。往玻璃杯内倒发泡葡萄酒时，会有小气泡不断从杯底浮出，煮果子露时就保持这种小气泡的状态。如果火候太大，煮制时间过长，水量减少，就会变成果子露冰激凌，而不是格兰尼它冰糕。还需要注意的是，如果捣碎时用力画圈式搅拌或者捣碎次数太多、时间太长，都容易变成果子露冰激凌状。**冷冻还有液体残留时用叉子捣碎，彻底凝固后用勺子捣碎，**这样更容易搅拌均匀。这次给大家介绍两款在意大利最具人气的柠檬格兰尼它冰糕和咖啡格兰尼它冰糕。

材料（容易制作的分量，各约4人份）

◘**柠檬格兰尼它冰糕**

柠檬 ·············· 2个（约200g）

使用1/2个柠檬的果皮、2个柠檬的果汁（约70mL）。

水 ···················· 200mL
细砂糖 ················ 80g
薄荷叶 ················ 适量

◘**咖啡格兰尼它冰糕**

咖啡（通常2倍的浓度）··· 100mL
水 ··················· 200mL
细砂糖 ················ 60g

◘**搅打奶油**

鲜奶油（乳脂含量35%）··· 适量
细砂糖 ······ 鲜奶油重量的10%

需特别准备的工具

准备底面积较大、容量700～800mL的带盖容器。冷冻后再捣碎，体积会增加，因此需要准备液体2.5倍容积的容器。为了让液体在短时间内冷冻，最好选用平底的容器。

1 柠檬去皮。

削去半个柠檬的皮，备用。皮要削得特别薄。

如果柠檬皮带有白色组织会有苦味，因此要尽可能把皮削薄一些。如果削的柠檬皮带有白色组织，可以再用小刀削去。

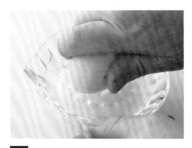

2 榨柠檬汁。

两颗柠檬榨汁。用茶漏过滤出柠檬汁，去掉籽和果肉的薄膜。

3 开始制作果子露。

锅内放入 **1** 中处理好的柠檬皮、水、细砂糖，开小火加热。搅拌至细砂糖熔化。

4 煮5分钟。

火候保持在锅内液体微微冒泡，煮5分钟。

这一步骤煮的时间不要太久。否则糖度变高，做出的成品会变成果子露冰激凌状。

5 过滤冷却。

用茶漏过滤出柠檬皮，放在常温下冷却。

如果趁果子露热着的时候加入柠檬汁，柠檬的香味会被破坏。一定要待放凉后，再进入步骤 **6**。

6 加入柠檬汁。

用打蛋器搅拌 **5**，加入步骤 **2** 的柠檬汁。

像是"打发果子露"一样充分将柠檬汁搅拌均匀。这样可以增加成品的颗粒感。

7 倒入容器内。

倒入容器中，盖上盖子，放到冰箱内。

如果容器倾斜，就会凝固得不均匀。最好平放在冰箱的抽屉内，如果容器下面有其他物品，需尽可能保持容器平稳。

8 放入冰箱内冷冻2小时。

放入冰箱内冷冻2小时左右。表面结了一层薄冰，中间还是液体，但四周已经开始凝固。

冷冻1.5小时的时候，还有很多液体，也可以从这个时候开始捣碎。

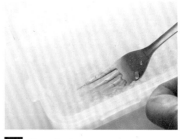

9 第一次碎冰。

用叉子将四周的冰块捣碎，再与中间未凝固的液体搅拌均匀。摊平后，再盖上盖子放回冰箱。

最初用叉子从冰块上方插入碎冰。

10 冷冻 40 分钟。

第二次以后每间隔40分钟冷冻一次，碎一次冰。一直到中心部位彻底凝固。

如果冷冻时间过长，冻得太结实不容易碎成小颗粒冰，可以每隔40分钟冷冻、碎冰一次。

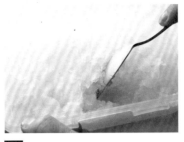

11 第二次碎冰。

用勺子把冰块捣碎成小冰粒，然后搅拌均匀。摊平后，再盖上盖子，放回冰箱。

如果碎冰时间较长，冰会融化。需迅速在1分钟内碎冰。

12 冷冻 40 分钟。

碎成小冰粒后直接放回冰箱内冷冻，表面闪闪发光。

如果冷冻时间太长冻得太结实，可以用勺子来回戳成小冰块。这样格兰尼它冰糕就像刨冰一样有颗粒感。

13 第三次碎冰。

用勺子把冰块捣碎成小冰粒，然后搅拌均匀。摊平后，再盖上盖子，放回冰箱。

14 冷冻 40 分钟。

冰粒变得更细腻，已经开始像格兰尼它冰糕了。

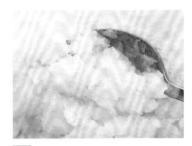

15 第四次碎冰。

用勺子把冰块捣碎成小冰粒，然后搅拌均匀。盛到玻璃杯内，装饰上薄荷叶。

体积增加了一倍以上，这样就可以直接食用了。保存的时候，需将冰摊平后再放回冰箱内冷冻保存。

咖啡格兰尼它冰糕的做法

1 锅内放入咖啡、水、细砂糖，开小火加热。用打蛋器不断搅拌至细砂糖彻底熔化。火候保持在液体微微冒泡的程度，大约煮5分钟。

咖啡冲得稍微浓一些，用细砂糖中和一下苦味，可以充分发挥咖啡的香气。

2 与"柠檬格兰尼它冰糕"的 **7** ~ **15** 做法相同。

柠檬味和咖啡味的冷冻品可以保存较长时日，但是反复从冰箱拿进拿出，融化的冰再冷冻，颗粒会变大，风味也会流失。因此，请尽快食用。

3 鲜奶油内加入细砂糖，打发成八分打发的搅打奶油。装入裱花带内挤到装满冰糕的容器上，做装饰。

材料（2～3人份）

鲜奶油（乳脂35%）……200mL
牛奶……………………100mL
细砂糖…………………… 30g
洋酒（白兰地等）……1～2小勺
吉利丁片………………… 3g

◘酱汁
蓝莓（新鲜或者冷冻）… 60g
蓝莓酱…………………… 20g
柠檬汁…………………… 1大勺
洋酒（白兰地等）……… 2小勺
开水…………………… 1大勺
薄荷……………………… 适量

洋酒可以消除乳制品的腥味，让香味
更浓郁。也可以使用橙味利口酒（橘
味利口酒、大马尼埃酒等）、意大利
杏仁利口酒、朗姆酒、苹果白兰地、
樱桃白兰地酒等。也可以加两滴香草
精或1/2根香草荚。

口感嫩滑到尝不出吉利丁片的存在。

意式奶冻

Panna cotta

　　意式奶冻的意思就是"加热（cotta）鲜奶油（panna）"，原本就是
用鲜奶油做成的甜点。意大利的鲜奶油乳脂含量比日本的要低，用乳脂
含量30%左右的鲜奶油做出的奶冻味道更佳。而乳脂含量高达35%～40%
的日本鲜奶油则太浓了。因此，**乳脂含量35%左右的鲜奶油可以与适量
牛奶混合（奶油与牛奶比例2：1），这样浓度正合适。**

　　意式奶冻的嫩滑才是它的精妙之处，吉利丁片要尽可能少用。如果
要用模具固定出造型，吉利丁片也可以多加一点，这样奶冻质地更硬一
些。如果只是家庭食用，建议放在容器内凝固后直接食用。关键是温度
的把控，尤其是**"充分冷却后再倒入容器内"**。需充分冷却凝固，如果
冷却不足，中心不凝固，奶冻就无法整体顺滑均一。

1 泡软吉利丁片。

将吉利丁片放入足够的冰水（分量外）内浸泡。大约浸泡10～15分钟泡软。

这一步骤不仅可以泡软吉利丁片，还可以去除原料的异味。如果用常温水，吉利丁片容易熔化，务必使用冰水。

2 加热鲜奶油和牛奶。

在锅内倒入鲜奶油、牛奶、细砂糖、洋酒，开小火加热。用木铲慢慢搅拌，加热到80～90℃。

火太大容易焦糊，还容易溢锅。一定要保持小火，不停搅拌。加热到冒热气的时候，差不多就到80℃左右了。

3 加入吉利丁片。

2离火。将**1**的吉利丁片沥干水分，加入到**2**内。用木铲搅拌至熔化。

4 过筛后冰镇。

将**3**用茶漏过滤到碗内。再将碗放在一个更大的装有冰水的大碗内。

碗最好选用导热效果更好的不锈钢材质的。口径越宽，底越浅，冷却得越快。冰水会很快变温热，可以再更换一次冰水。

5 不断搅拌冷却。

用硅胶铲沿着碗底轻轻搅拌至冷却。

约15分钟后会变得黏稠，然后充分冷却。冷却过程中，不停搅拌可以让吉利丁成分更均匀地混合，奶冻凝固得更完美。

6 气泡排出后搅拌完成。

待呈现出黏稠感后，同时还会有小气泡不断浮起、破裂。这代表搅拌完成。

随着冷却凝固，浓度不断增加，这时候搅拌会产生气泡。这也是变黏稠的标志。

7 倒入容器内冷却凝固。

倒入容器内。裹上保鲜膜放入冰箱内冷却凝固。两小时即可凝固。

冷却凝固后，倾斜容器，中心部位会抖动，代表已经充分凝固了。在碗内冷却得越充分，凝固得越快。

8 制作酱汁。

将制作酱汁的材料放入锅内，用超小火加热。用硅胶铲不停搅拌，煮几分钟，待汤汁变黏稠。放入常温下冷却，再转到冰箱内冷藏。待**7**凝固后，淋上酱汁，再装饰上薄荷叶。

主厨之声

煮酱汁的时候容易糊锅，一定要用超小火加热，搅拌的时候需刮干净锅底和锅边。冷却后即可凝固，因此稍稀薄时关火也可以。果酱和新鲜水果可以选同一品种，但是像覆盆子这种风味较浓烈的水果，如果果酱也选同一品种，味道会过浓，因此推荐使用杏酱。

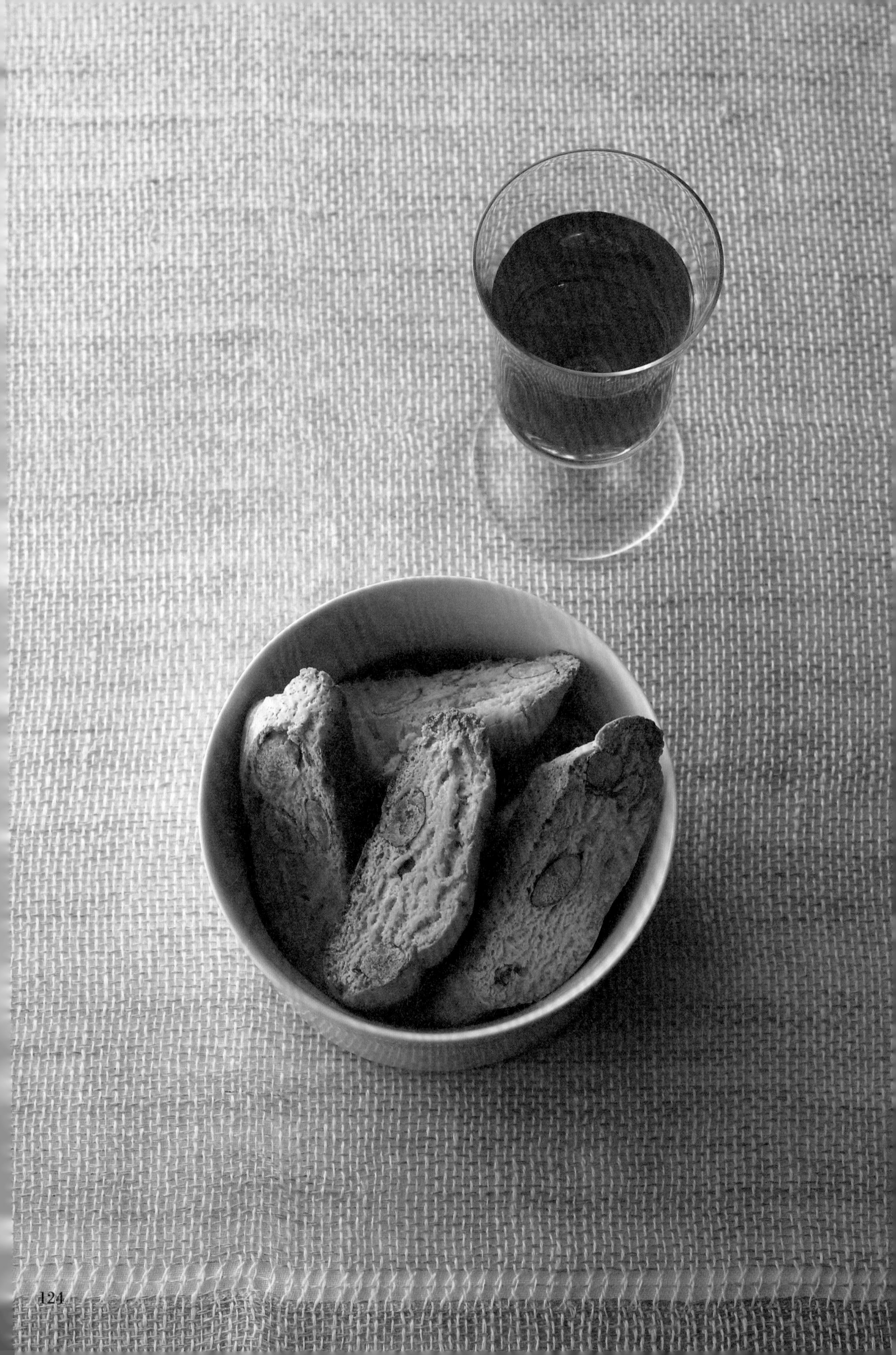

外观、风味、口感都很朴实的烤制点心。
毫无刻意修饰之感，也正是纯正的意式风格。

饼干

Biscotti di Prato

口感酥脆正是这款饼干的特点

意大利语"Biscotti"其实泛指所有松脆的饼干，就像英国人用的"biscuit（饼干）"一样。这种饼干诞生于托斯卡纳区的一个小城普拉托，也叫作"cantucci"。这款发源于小城镇的点心迅速遍布整个意大利，如今在日本也非常受欢迎。

这种饼干可以直接吃，但是太硬了。传统吃法是蘸着托斯卡纳区特产的甜口葡萄酒食用，将饼干在葡萄酒内泡软后再食用。吸满了葡萄酒的风味和香味，让原本朴实无华的饼干顿时变得高贵优雅。不喜欢杏仁苦味的朋友或小孩，可以将饼干蘸着拿铁咖啡或红茶食用。

面坯不用揉，团成面团即可

"Biscotti"的bis是"两次"、cotti是"烤"的意思。正如其名，这款饼干需烤两次。第一次将面坯整形成长条后放入烤箱内烤，第二次是切成小块后再烤。**烘烤的目的就是烤干水分，这也是意大利最硬的一种饼干**。刚出炉时，饼干还稍微有些软，冷却后会变色且特别硬。

只需把材料和成面团即可，**不需要像制作意大利面或面包那样反复揉面**。不费时，也毫无技术可言，简单易操作。面团内加入了整颗杏仁，也可以使用杏仁片或杏仁碎。因为面坯需要烤两次，所以杏仁不需要提前烤熟，直接生着和到面团内即可。也可以根据个人喜好加入香草精、白兰地、利口酒等有香味的原料。

材料（容易操作的分量，约40个份）

低筋面粉	200g
泡打粉	2g
全蛋液	1.5个份
细砂糖	120g
盐	1小撮
杏仁（整颗）	50g
低筋面粉（干面粉用）	适量

准备工作

◉ 烤盘内涂上一层薄薄的色拉油，再铺上烘焙用纸。
◉ 烤箱预热至180℃。

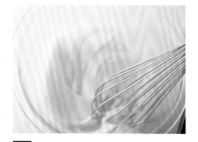

1 混合鸡蛋和细砂糖。

碗内打入鸡蛋，用打蛋器搅打成蛋液后，加入细砂糖、盐，搅拌均匀。

细砂糖即使不完全熔化，蛋液也呈现出浓稠感。将蛋液充分搅拌均匀即可。

2 用木铲混合低筋面粉。

将低筋面粉与泡打粉混合，分3次加入到 **1** 的蛋液中。每加入1次面粉，都需要立即搅拌。

硅胶铲太软了，不容易搅拌。如果用木铲搅拌，即使面粉不过筛，也能轻松搅拌。

3 用手团成面团。

稍微搅拌一下面粉，然后用刮刀刮干净粘在碗边上的面粉。用手掌抓住面粉，团成面团。

和成像做软意大利面一样的面坯。不需要揉面，只团成一团即可。

4 加入杏仁。

待面团和到没有干面粉时，加入整颗杏仁。

杏仁不太容易和到面团内，可以将杏仁按压到面团里。让杏仁均匀分布，而且从外表看不到杏仁。

5 将面团揉搓成长条。

将面团放到案板上，分成2~4等份。撒上干面粉，揉搓成直径3cm左右的长条。

如果案板够大，可以把面团2等分；如果案板较小，可以将面团3~4等分。干面粉不要撒得太多，尽量少些。

6 摆放到烤盘上。

将 **5** 的面坯摆放到事先准备好的烤盘上。用手指轻轻按压，让面坯更平整。

7 第一次用180℃烤。

烤箱预热至180℃，烤20分钟左右。

面团烤成海参状即可。表面微微上色，用手轻轻按压，面团还很软。

8 分切成小块。

将烤过的面团放到案板上，用刀斜切成宽1.5cm的小块。

面坯与烤盘一并从烤箱内取出，关紧烤箱门防止烤箱热度流失。面坯需趁热快速切成小块。

9 第二次用160℃烤。

将切好的饼干切口上下朝向摆放在烤盘上，再放回烤箱。烤箱预热至160℃烤20分钟左右。烤好后，取出放凉，放到密封容器内保存。

烤制主要是为了烤干水分，轻微上色也没关系。刚出炉的饼干还比较软，放凉后就变硬了。

意大利咖啡文化

吃完意大利料理一定要再来一杯咖啡。意式饭后一般都是喝一小杯苦味浓烈的意式浓缩咖啡。苦味可促进消化，让肠胃更通畅。

日本人更喜欢喝口感温和的咖啡，很多人喜欢在饭后喝一杯加了牛奶的拿铁或卡布奇诺。但是，意大利人饭后绝对不会饮用此类咖啡，因为喝了加入了大量牛奶的咖啡，胃会积食。饭前同样也不会喝这种咖啡。加入牛奶的咖啡要么早餐时喝，要么不影响进餐的下午茶时间段喝。

日本的意大利餐厅很多为了迎合日本人的喜好，会准备各种各样的咖啡。当然有的餐厅也为了彻底贯彻意大利文化，只提供意式浓缩咖啡。我开的意大利餐厅就只有意式浓缩咖啡。

意大利人喝咖啡的时候不加牛奶，但是会加很多糖。一般25mL的咖啡要加2.5咖啡勺的糖，口感非常甜。因为加了大量的糖，原本的苦味也变成了美味。

而且，就算意大利人想一次多喝几杯咖啡，他们也不会一次点两杯。虽然意大利语中也有"两杯咖啡"这种词汇，但是一次点两杯，会显得这个人非常没品位。喝完一杯，如果觉得不够，那就再点一杯，这才是意大利人的"讲究之处"。即使在意大利家庭，也是喝完一杯再续一杯。

在意大利，意式浓缩咖啡本来的名称是"café espresso"，简称"café"，而不是"espresso"。因为对于意大利人来说，提到咖啡就是意式浓缩咖啡。

图书在版编目（ＣＩＰ）数据

吉川敏明的美味手册：意大利料理完全掌握 /（日）
吉川敏明著；唐晓艳译. –– 北京：中国民族摄影艺术
出版社，2018.5
　　ISBN 978-7-5122-1102-5

　　Ⅰ. ①吉… Ⅱ. ①吉… ②唐… Ⅲ. ①食谱 – 意大利
Ⅳ. ①TS972.185.46

中国版本图书馆CIP数据核字(2018)第042241号

TITLE：〔「エル・カンピドイオ」吉川敏明のおいしい理由。イタリアンのきほん、完全レシピ〕
BY：〔吉川　敏明〕
Copyright © Toshiaki Yoshikawa 2016
Original Japanese language edition published in 2016 by Sekai Bunka Publishing Inc.
All rights reserved. No part of this book may be reproduced in any form without the written permission of the publisher.
Chinese (in Simplified Character only) translation rights arranged with Sekai Bunka Publishing Inc., Tokyo through NIPPAN IPS Co., Ltd.

本书由日本株式会社世界文化社授权北京书中缘图书有限公司出品并由中国民族摄影艺术出版
社在中国范围内独家出版本书中文简体字版本。
著作权合同登记号：01-2017-8102

策划制作：北京书锦缘咨询有限公司（www.booklink.com.cn）
总 策 划：陈 庆
策 　 划：肖文静
设计制作：王 青

书　　名：吉川敏明的美味手册：意大利料理完全掌握
作　　者：〔日〕吉川敏明
译　　者：唐晓艳
责　　编：陈 溪
出　　版：中国民族摄影艺术出版社
地　　址：北京东城区和平里北街14号（100013）
发　　行：010-64211754 84250639 64906396
印　　刷：北京彩和坊印刷有限公司
开　　本：1/16　185mm×260mm
印　　张：8
字　　数：100千字
版　　次：2018年5月第1版第1次印刷
ISBN 978-7-5122-1102-5
定　　价：58.00元